KB037450

지구인의 우주 살기

지구인의 우주 살기

초판 1쇄 발행 2022년 8월 15일
초판 3쇄 발행 2024년 5월 24일

지은이 실뱅 채티 | 그린이 릴리 데 벨롱 | 옮긴이 신용림
펴낸이 홍석
이사 홍성우
인문편집부장 박월
책임편집 박주혜
편집 조준태
디자인 디자인잔
마케팅 이송희 · 김민경
제작 홍보람
관리 최우리 · 정원경 · 조영행

펴낸곳 도서출판 풀빛
등록 1979년 3월 6일 제2021-000055호
주소 07547 서울특별시 강서구 양천로 583 우림블루나인비즈니스센터 A동 21층 2110호
전화 02-363-5995(영업), 02-364-0844(편집)
팩스 070-4275-0445
홈페이지 www.pulbit.co.kr
전자우편 inmun@pulbit.co.kr

ISBN 979-11-6172-846-9 44440
979-11-6172-845-2 44400(세트)

※ 책값은 뒤표지에 표시되어 있습니다.
※ 파본이나 잘못된 책은 구입하신 곳에서 바꿔드립니다.

인싸이드 과학 01
SPACE

지구인의 우주 살기

달 기지부터
화성 테라포밍까지,
과학자들의
지구 이전 프로젝트!

실뱅 채티 글 | 릴리 데 벨롱 그림 | 신용림 옮김

풀빛

프롤로그

아주 오래 전부터, 매력적인 우주

우리 중에 아직 달에 가 보지 않은 사람이 있을까?

이미 모든 사람이 다양한 수단을 이용해 그곳에 가 보았다.

어떤 사람들은 공상 과학 소설 혹은 만화, 영화를 통해

달에 방문했을 것이다. 또 아주 단순하게는,

달 위를 걷는 상상을 하거나 달 꿈을 꾸는 것처럼

보편적이고 평범한 방법도 있다.

밤하늘에서 밝게 빛나고 대낮에도 분명히 볼 수 있는 달은

주기적으로 모양이 바뀌는 큰 위성으로, 지구와 매우 가까이에 있다.

우리는 그곳에 생명체를 만들어 내기도 하고,

분화구뿐만 아니라 달의 거주민으로 알려진 '셀레나이트'들의

집이 들어선 달의 풍경을 걷는 상상을 하곤 한다!

고대 그리스인, 달을 상상하다

많은 고대 그리스인들은 달에 사람이 살고 있다고 믿었다. 기원전 6세기에, 소크라테스 이전의 철학자인 콜로폰 출신의 크세노파네스는 달이 도시와 산으로 뒤덮인 세계라 믿었다. 동시대의 피타고라스학파는 달이 지구로 내려와 정화된 영혼들의 거처라고 주장했다.

6세기 이후, 그리스어를 구사하는 철학자이자 도덕주의자인 플루타르코스는 저서 《달 표면에 보이는 얼굴에 관하여(*De facie, De la face qui parait sur la Lune*)》에서 달을 "천상의 땅", "즐거움부터 온화하고 조용한 혁명까지 있는 장소"라고 묘사했다. 그는 달 표면과 지구 주위를 도는 달 궤도의 단계별 모습을 관찰하고 나서 이런 견해를 드러냈다. 그는 "달에 사람이 살 수 없다는 것을 증명하는 증거는 아무것도 없다."라고 주장한다.

이에 앞서 인간을 달에 보낸 최초의 작가는 2세기 그리스 풍자 작가인 사모사타 출신의 루키아노스였다. 폭풍에 휩싸인 선원들의 이야기에서 영감을 받은 그의 글 《실화(*Histoire Veritable*)》(일부분은 공상 과학 소설로 인정될 정도로 괴상한 이야기를 담은 익살스러운 콩트이기에 제목이 역설적이다)에서 주인공과 그의 동료들은 배를 타고

많은 고대 그리스인들은 달에 사람이 살고 있다고 믿었다. 기원전 6세기에, 소크라테스 이전의 철학자인 콜로폰 출신의 크세노파네스는 달이 도시와 산으로 뒤덮인 세계라 믿었다.

강한 폭풍우에 의해 빠르게 공중으로 날아가 마침내 달에 착륙한다. 달에 도착한 여행자들은 거대한 환상의 생물로 구성된 달의 왕 군대와 태양의 왕 군대 사이의 전투를 목격하는데, 이 이야기는 훗날 지구에서 벌어지는 갈등에 대한 풍자로 밝혀졌다.

르네상스,
달을 향해 나아가다

달에 관한 문학이 더욱 번성한 것은 르네상스 시대, 특히 17세기 초에 갈릴레오가 구조를 개조한 완전히 새로운 천체 망원경을 통해 달을 관측하게 되면서부터였다. 달은 1609년 겨울에 그가 망원경으로 확인한 첫 번째 별이었는데, 《별의 전령(*Le messager des étoiles*)》이라는 그의 책에서 확대된 달을 보고 느낀 감동이 묘사되었다. 그곳에서 그는 분화구, 언덕, 석양이 비추는 산과 같은 입체적인 세계를 발견했다!

독일 천문학자 요하네스 케플러는 1634년에 출판된 단편 소설 《꿈(*Somnium*)》에서 완벽한 비행에 성공하는 것이야말로 달 식민지화를 성공으로 이끌 것이라고 예측했다. 플루타르코스와 루치아노의 글에서 영감을 받은 이 책에서 두라코투스라는 이름의 열네 살 아이슬란드 소년을 통해 케플러는 자신이 꿨던 꿈을 이야기한다. 소년은 악마의 도움으로 괴물 같은 크기의 존재가 살고 있는 매우 춥고 공기가 없는 레바니아(달)섬에 도착한다. 두라코투스는 달의 두 반구(보이는 면과 숨겨진 면)를 매우 진지하고 과학적인 방식으로 탐구한다. 이 새로운 관점이 다시 달에서 지구를 관찰하는 것으로 이어진다는 점을 잊지 말자!

동시에 영국의 역사가 프랜시스 고드윈은 사후 1638년에 출판된 저서《달세계 인간(*L'Homme dans la Lune*)》에서 '유토피아 탐험 항해'에 대해 설명한다. 이 글은 스페인의 탈주범인 도밍고 곤잘레스가 무거운 짐을 싣고 날 수 있는 상상의 야생 백조를 타고 점점 더 높은 하늘로 올라가는 내용을 담고 있다. 이 여행에서 곤잘레스는 실제 위성 이미지와 일치하는, 우주에서 본 지구의 모습을 설명한다. 그리고 12일 만에 마침내 달에 도착한다.

그곳에서 그는 유토피아처럼 보이는 곳에 거주하며 '이상한 소리'로 의사소통하는 대규모 기독교 집단 '루나리안'과 마주한다. 곤잘레스는 6개월 동안 그들과 함께 살면서 빛, 행성 운동(그는 코페르니쿠스 이론의 영향을 많이 받았다), 달의 '끌어당기는 힘'에 대한 과학적 추측을 전달해 주었다.

"불길이 6×6으로 배열된 로켓을 순식간에 태워 버리자마자, 여섯 가장자리에 있는 시동 장치를 통해 다른 층에 불이 붙었다가 또 다른 단계에 불이 붙었다." 이 설명은 NASA의 거대 로켓인 새턴 V가 달을 향해서 발사된 모습을 떠올리게 한다. 하지만 이는 프랑스 극작가인 시라노 드 베르주라크의 작품《다른 세상(*L'Autre Monde: histoire comique des etats et empires de la Lune et de Soleil*)》의 주인공인 디르코나가 그의 '기계'에 불을 붙이며 달을 향해 날아가는 모습을 묘사한 것이다. 달에 있는 동안 디르코나는 셀레나이트가 서로 의사소통하는 방법(아마 고드윈에게서 영감을 받았을 것이다), 책을 쓰고 듣는 방법, 코를 해시계로 사용하여 시간을 알아내는 방법, 그리고 마지막으로 초전도성을 가진 비행기구를 만드는 방법을 알아내어 우리에게 설명한다. 그리고 정말 기묘하게도 음식 냄새를 맡는 것으로 배를 채우는 셀레나이트의 식문화를 이야기한다. 책 후반부에서 디르코나는 태양의 사람들을 만나러 가는데, 그들은 지구인들에게 학대를 받은 적이 있어서 그를 마냥 환영하지는 않았다.

"엔지니어 머치슨이 전기 스파크를 일으켰다. 엄청난 폭발 소리와 함께 화염이 소나기처럼 쏟아졌다. 땅이 떠오른다. 발사체가 증기 한가운데서 성공적으로 공기를 쪼개었다……." 이번에는 쥘 베른이 1865년에 출판한 책《지구에서 달까지(*De la Terre a la Lune*)》에서 거대한 대포를 이용해 달을 향해 보낸 발사체에 관한 묘사 부분이다. 베른은 이 임무에 관한 설명에 과학적, 기술적, 재정적 평가를 덧붙이면서 달에 발사체를 보내는 과정을 가능한 한 사실적으로 묘사하고 있다. 여기에는 특히 '컬럼비아드'라는 우주선의 성공적인 발사에 필요한 각도와 속도가 포함되어 있다.

정말 기묘하게도 음식 냄새를 맡는 것으로 배를 채우는 셀레나이트의 식문화를 이야기한다.

영국 작가 허버트 조지 웰스는 그의 소설《달의 첫 방문자(*Les premiers*

hommes dans la Lune)》(1901)에서 대포의 개념을 벗어나 강철로 된 구형의 우주선을 간단하게 달로 보낼 수 있는 반중력 물질인 카보라이트를 상상해 낸다.

이 단계부터는 걸어서 우주를 횡단하는 데까지 단 한 걸음이면 된다. 프랑스의 천문학자 카밀 플라마리옹은 과학의 눈부신 발전으로 미래에는 다른 세계 사이에 다리를 건설하여 행성 간의 여행이 가능할 것이라고 예상했다. 따라서 모든 행성의 주민들은 태양계 전체를 여유롭게 산책할 수 있을 거라고 말이다. 플라마리옹은 그의 책《대중 천문학(*Astronomie Populaire*)》(1880)에서 우리가 발견한 위성에 사람이 살고 있을 가능성을 언급하는 것을 잊지 않았다.

지구인,
달마저 식민지로?

잠시 멈춰 보자. 항상 우리만 달로 여행을 떠난 것은 아니다. 반대로 셀레나이트, 달나라 사람들이 우리를 만나기 위해 지구로 오고 싶어 하는 경우도 종종 있었다. 단 그들이 늘 우리에게 우호적인 것은 아니었다. 미국 작가 워싱턴 어빙은 자신의 저서《달의 정복(*La Conquete par la Lune*)》(1809)에서 마치 유럽 이주민에게 침략당한 아메리카 원주민처럼 방어할 수 없는 박멸 기술 전문가에게 침략당한 지구인들에 관해 이야기한다.

마지막으로 화성인도 1938년 10월 30일에 미국에 착륙했다는 사실을 기억하자. 미국 감독인 오손 웰즈는 자신의 라디오 프로그램에서 소설《우주 전쟁(*La guerre des mondes*)》(1898)을 각색해서 연출했는데, 너무 실감나는 연기에 실제로 화성인이 침공한 것으로 착각한 시민들이 대피하기도 했다.

분명히 영화의 세계에서는 달, 다른 행성, 심지어 다른 항성계에도 생명체가 매우 번성하고 있다. 여기에서 두 가지 상징적인 영화를 기억하자. 프랑스 감독 조르주 멜리에스의 〈달 세계 여행(*Le voyage dans la Lune*)〉(1902) 포스터에는 인간 과학자가 보낸 발사체를 오른쪽 눈에 받아들이는 (크림 파이 형태의) 달 이미지가 담겨 있다. 영화에는 상상했던 것과 달리 감성적이지 않은 셀레나이트의 모습에 두려움을 느낀 인간들이 전투를 해 보지도 않고 퇴각하는 모습이 등장한다. 이때 그들도 모르는 사이에 셀레나이트 한 명이 무리에 섞여 지구에 오게 되는데, 그는 인간들 사이에서 동물원의 동물 같은 처지가 된다.

두 번째 영화는 오스트리아 감독 프리츠 랑의 〈달의 여인(La femme sur la Lune)〉(1929)으로, 부도덕한 사업가들이 펼치는 달을 향한 골드러시를 묘사한 작품이다. 심지어 이 영화는 아폴로 임무 동안 24명의 미국인을 달에 데려간 새턴 V 발사체의 제작자이자 항공 엔지니어인 베르너 폰 브라운에게 영감을 준 것으로 추정된다.

물론 우주 이야기에서 만화도 절대 빠질 수 없다. 유명한 벨기에 만화 〈틴틴의 모험〉 시리즈의 〈달 탐험 계획(*Objectif Lune*)〉

(1952)과 〈달 위를 걷다(*We walk on the Moon*)〉(1954)에서 특종 기자 틴틴은 로켓을 만드는 조건, 로켓 발사 준비, 이륙 및 무중력 효과, 달 탐사 조건, 산소 부족, 그리고 지구 귀환을 매우 현실적으로 설명했다. 단, 우주 비행사 선발은 현실과 다소 다르다는 점은 알아 두자.

우리 은하에는 태양 외에 2,000억에서 3,000억 개의 별이 있고 우리 우주에는 수천억 개의 은하가 있다.

오늘 우리는 태양계의 행성들과 그 위성 중 일부를 탐험했다. 우리 은하에는 태양 외에 2,000억에서 3,000억 개의 별이 있고 우리 우주에는 수천억 개의 은하가 있다. 다시 말해, 수십조억의 별이 있는 셈이다. 4,000개가 넘는 외계 행성, 태양 이외의 별 주위를 도는 행성이 우리 은하에 있다. 그리고 이제 우리는 우주가 탄생할 당시의 빅뱅을 관찰할 수 있고, 태양이 죽은 뒤의 우주의 진화를 예측할 수 있는 수준에 올랐다.

오래전에 이탈리아 도미니크회 사제였던 조르다노 브루노는 다음과 같이 말했다. "무한한 지구, 무한한 태양, 무한한 에테르가 존재한다." 이 발언으로 인해 그는 8년의 긴 재판 끝에 '회개하지 않은 완고한 이단자'라는 선고를 받았다. 고문 끝에 그는 1600년 2월 17일, 로마 중심부의 캄포 데 피오리 광장에 있는 말뚝에 묶여 산 채로 화형당했다.

그 후로 400년 동안 우리의 과학 및 기술 지식은 비약적인 도약을 했고, 발전은 멈추지 않을 것이다. 지식의 양이 끊임없이 증가하듯 우주 식민지화에 대한 우리의 집단적 상상력에는 한계가 없는 것 같다. 이 책은 이러한 모험과 여행에 우리를 초대하고 있다. 동시에 천체 간 여행의 위험성을 깨닫는 기회도 줄 것이다!

목차

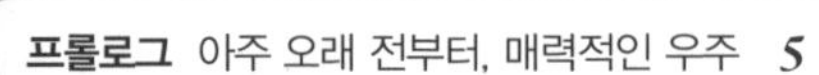

1

그 많은 행성 중에 우리가 지구에 태어난 이유

거대한 먼지구름 속에서 태양이 탄생한지
45억 7천만 년이 흘렀다.
태양이 탄생하고 얼마 안 되어 지구가 생기고,
지구의 위성인 달이 생겨났다.
생명체가 지구 곳곳에 빠르게 퍼져나가고,
곧 대륙과 바다 전체에서 번성한다.
대규모 멸종이 발생하기는 했지만
오늘날에도 생물의 다양성은 여전히 존재한다.
지금까지 알려진 바로는, 지구는 태양계에서 유일하게
생명체가 성공적으로 번성한 행성이다.

45억 7천만 년 전, 지구와 달의 탄생

태양계의 다른 일곱 행성과 마찬가지로, 아주 젊은 별이었던 태양을 둘러싸고 있는 먼지구름에서 45억 6,820만 년 전(연대 추정을 정확히 하면 거의 그렇다!)에 원시 지구가 탄생했다. 구름 속 먼지가 수백만 년 동안 쌓이고 중력의 영향으로 결합하여 작은 암석 조각을 형성한 다음, 달 크기의 행성 초기 단계에 이를 때까지 점점 더 큰 소행성을 이루다가 마침내 원시 행성 지구가 탄생한 것이다. 이때, 원시 지구의 내부는 태양 표면 온도에 맞먹는, 섭씨 5,000도를 초과할 만큼 매우 뜨겁게 융해된 암석(완전히 굳지 않은 물렁물렁한 상태 - 옮긴이)으로 된 구체였다.

원시 지구가 형성되고 나서 4천만 년에서 2억 년 사이에(즉, 지금으로부터 45억 3,000~43억 7,000만 년 전), 테이아라 불리는 화성 크기의 젊은 행성이 15km/s(즉, 54,000km/h)의 속도로 지구와 충돌한다. 타이탄(토성의 여러 위성에 타이탄족의 이름을 따서 붙였는데, 그중 하나가 테이아다 - 옮긴이)과의 이 충돌로 강력한 충격파가 만들어지면서 두 행성은 말 그대로 증발(액체 상태의 표면이 열에너지를 흡수해서 기체 상태로 변하는 것 - 옮긴이)하는 과정을 겪는다.

그 과정에서 수십억 톤의 융해된 암석 파편이 우주로 나가서 원반을 형성하고, 수백 년 동안 지구 주위를 공전하게 된다. 이 파편이 하나로 뭉쳐 지구에서 22,000km 떨어진 궤도를 도는 지름 3,500km인 구체, 바로 달을 형성한다. 당시 달은 오늘날보다 17배

나 가까운 곳에 있었다!

이 충돌이 있고 난 뒤 지구는 냉각되고 지각이 굳어졌다. 새로운 대기는 지하 깊은 곳의 마그마와 화산에서 가스가 제거된 상태로 만들어졌는데, 질소, 이산화탄소 수증기, 그리고 메탄이 지배적이었다. 이 대기에는 산소가 없어서 우리는 전혀 숨을 쉴 수 없다!

41억 년 전, 물과 생명을 가져다 준 운석

테이아와의 충돌 후, 원시 지구에는 물이 전혀 없었다. 41억 년에서 38억 년 전 사이에 태양계가 형성되면서 유성우 및 작은 얼음덩어리, 소행성과 혜성의 파편들이 비처럼 쏟아졌는데, 원시 지구는 이들과 끊임없이 충돌했다.

바로 이 운석들 덕분에 지구는 오늘날 바다에 존재하는 물을 보충할 수 있었다! 각각의 운석 중심부에는 아주 소량의 물만 포함되어 있었지만 충돌이 적어도 2천만 년 동안 지속하면서 지구는 점차 수백 미터 깊이의 바다로 뒤덮였다. 따라서 현재 지구의 표면, 대양, 바다, 호수, 강에 존재하는 물은 지구가 형성된 직후에 발생한 대기권 밖의 끊임없는 충돌에서 비롯된 것이다. 물의 질량은 지구 전체 질량의 0.1%에 불과하지만, 매우 중요하다. 물은 지구상의 생명체 출현과 발달에 필수적인 성분이다!

풍부한 이산화탄소로 인해 온실 효과가 발생하면서 40~80도까지 달아오른 지구 대기는 원시 지구의 지각을 응고시켰다. 굳어진 암석은 약 1,200도의 바다에서 솟아올라 냉각되면서 화산암 지대를 형성한다. 그리고 그 크기가 점차 커지다가 서로 합쳐지면서 두께가 35km 이상인 초기 대륙 지각 '크라톤'을 생성한다. 수심이 얕고 온도가 높은(현재는 5~10도인데, 당시에는 50~80도 사이였다) 액체 상태의 바다와 수많은(아이슬란드와 비슷하거나 더 큰) 원시 대륙으로 완전히 뒤덮여 있던 우리 지구는 태양계 행성 중에서도 독특한 파란색으로, 이미 우주에서 쉽게 알아볼 수 있었다.

그러나 초기 지구 대기에는 독성이 있었고, 표면 온도도 여전히 높았다. 게다가 지구의 빠른 자전 속도는 매우 강한 바람을 동반한 폭풍우를 불러일으킬 뿐만 아니라, 달과의 가까운 거리(현재 지구와의 거리가 384,000km인데, 당시에는 불과 수만 km였다) 때문에 지구와 달 사이에 끌어당기는 힘이 증가하여 육지 쪽에 커다란 조수(밀물과 썰물, 주기적으로 해수면이 높아졌다 낮아졌다 하는 것 - 옮긴이)가 생겨났다. 실제로 지구는 달이 생성된 직후에는 4~6시간마다 자전했다. 하지만 시간이 흐르면서 달은 점차 멀어지고 지구의 자전 속도가 느려져 오늘날에는 24시간마다 자전하고 있다.

이처럼 끊임없는 유성의 충돌이 단순히 물만 만들어낸 것은 아니다. 운석은 해저에서 분해되어 탄소를 방출한다. 지구상의 생명체는 탄소의 화학적 특징에 기반을 두고

물의 질량은 지구 전체 질량의 0.1%에 불과하지만, 매우 중요하다.

있으며, 수소, 질소, 산소, 인, 황의 5가지 주요 원자와 결합하여 유기물이라고 부르는 분자를 형성한다. 대기 중에 기체 형태로 존재하는 이산화탄소 및 메탄 같은 가장 단순한 탄소 분자는 최초의 유기 분자를 생성하며 결합되고, 이는 생명체의 출현 및 발달을 일으키는 프리바이오틱 분자를 구성한다. 이것이 살아 있는 유기체를 구성하는 최초의 조각이다. 따라서 운석은 물뿐만 아니라 생명도 가져온 것이다!

38억 5천만 년 전,
생명체와 바다의 탄생

차갑고 낮은 온도의 해저에는 끓는 액체가 솟아나는 '열수구'가 있는데, 수압 때문에 균열이 일어난 지각 내에 침투한 화산 마그마로 가열된 뜨거운 액체가 이곳으로 빠져나온다. 열수구에 닿으면 물이 뜨거워져 주위 바다는 화학적 수프처럼 변하고, 바다의 다양한 요소들이 복잡한 유기 구조로 모여 단세포 유기체로 구성된 원시적인, 아주 작은 생명체가 탄생한다.

바다 외에도 생명체(식물, 숲, 퇴적물 등)로 인한 지구 표면의 변화는 말할 것도 없고, 지구 표면의 지속적인 재활용, 물의 흐름, 태양의 자외선 때문에 오늘날 지구에서 원시 생명체의 흔적은 찾기 어렵다. 그래서 지구 역사 중 가장 초기 암석은 거의 남아 있지 않지

항성부터 생명체까지!

항성은 성운(가스와 먼지로 구성된 커다란 성간운)에서 태어나고, 그 항성과 가까운 환경에서 행성도 만들어진다. 이후 항성은 죽을 때까지 종종 큰 폭발을 일으키며 수백만 년에서 수십억 년 동안 살게 된다. 태양과 같은 항성은 평생 동안 온도가 수천만 도에 달하는 중심부에서 수소 원자를 헬륨 원자로 변형시킨다. 그런 다음 수명이 다할 무렵이 되면 태양은 1억 도의 온도에서 헬륨 원자를 탄소 원자로 변형시킨다. 그리고 죽을 때까지 자신이 만들어 낸 헬륨 원자와 탄소 원자의 일부를 점차 우주로 내보낼 것이다. 태양의 수명을 약 100억 년으로 추정하면(현재 태양계의 나이가 45억 7천만 년이므로, 태양은 이제 수명의 절반을 산 것이다), 질량이 더 큰 항성의 경우 더 짧은 기간, 어떤 경우에는 수천만 년 정도밖에 살지 못한다. 태양은 수소와 탄소 외에도 질소, 산소, 철과 같은 무거운 원자를 만든다.

또한 수명이 다하면 거대한 폭발로 우라늄 같은 가장 무거운 원자를 만드는 데도 성공할 것이다! 이 폭발로 인해 항성은 주위에 많은 양의 무거운 원자를 내보내며 우리가 잘 알고 있는 성운에 연료를 공급해서, 다른 항성 및 그 주변에 다른 행성이 생겨난다. 아마 이 행성들에서도 탄소, 수소, 질소, 산소, 인, 황 등이 중심부에서 만들어지고, 격렬한 죽음을 겪을 때 쏟아져 나오면서 원자 집합체에서 생명체가 나타날 것이다. 지구상의 모든 생명체와 마찬가지로 우리도 항성 중심부에서 형성된 탄소, 수소, 산소 등의 원자로 구성된 수많은 분자로 구성되어 있다.

마지막으로 우리는 분명한 사실을 인정해야 한다. 바로 우리가 별들의 집합체, 먼지, 항성에서 떨어져 나온 '잔재'의 결과물이라는 것이다! 그리고 가장 놀라운 사실은 우리가 태양이 태어나기도 훨씬 전에 죽은 거대한 항성에 의해 만들어진 원자로 구성되어 있다는 것이다. 즉 우리의 원자 나이는 45억 년을 훌쩍 넘었다.

만, 지질학자들은 호주, 남아프리카, 그린란드에서 초기 암석의 흔적을 발견했다. 가장 오래된 생명체는 지구가 형성된 지 불과 수억 년 후에 살았던 것으로, 그린란드 남서부에 있는 한 섬의 퇴적물에서 몇 센티미터 크기의 화석 미생물(스트로마톨라이트) 형태로 확인되었다. 이 미세 화석은 해저, 아마도 열수구 근처에서 형성되었을 것이다.

생명의 나무 박테리아는 약 38억 5천만 년 전에 지구에 나타난 최초의 유기체이다. 오늘날 이 단세포 유기체의 후손은 어디에나 있으며, 지구에서 가장 오래된 생명체이기도 하다! 그다음으로 고세균이라고 부르는 두 번째 유기체가 나타난다. 이들은 5억 년 전에 원시 지구의 암석에서 번성하여 최소한의 자원을 가지고 살아남았다. 박테리아와 고세균처럼 생명체 발달에 매우 불리한 극한 조건에도 살아남은 유기체 덕분에 지구상의 모든 곳에서 생명체가 조금씩 성장하게 되었다. 그중에는 고온 환경에서 살아남은 고온균(온천의 간헐천, 연기 열수공(고온의 수용액이 검은 연기처럼 솟아오르는 것 - 옮긴이) 등), 호염균(염분이 포함된 환경), 호산성균(산성 환경), 호알칼리균(염기성 환경), 기타 메테인균(메탄 포화 상태) 등이 있다.

마지막으로, 20~30억 년 전에 등장한 세 번째 유형의 유기체인 진핵생물은 최초의 복잡한 생명체로, 대부분이 다세포 생물이다. 우리 인간은 물론 모든 동식물 및 균류는 이 진핵생물과에 속한다. 여기서 잠시 지구상에서 다양한 조건에 적응하고 현재까지 존재하는 이 세포가 지나온 길에 고마움을 전해 보자!

지구 생명체의 기원으로 거슬러 올라가면, 'LUCA'(Last Universal Common Ancestor)라 불리는 현존하는 모든 유기체의 공통적이면서 가장 먼 조상에 도달하는데, 물론 우리는 그것이 무엇인지 알지 못한다. LUCA는 박테리아, 고세균, 진핵생물 등 지구상의 모든 유기체를 타고 내려오는 현존하는 세포 생명체의 전 단계 물질으로, 원시적인 형태 중 하나로 여긴다. 이것은 수소, 이산화탄소, 질소 및 철이 풍부한 뜨거운 물에서 살았던 약 40억 년 전의 세포 미생물일 확률이 높다. 그러나 LUCA가 출현하게 된 조건과 지구상에 생명체가 실제로 등장하게 된 이유는 여전히 가장 큰 미스터리로 남아 있다.

박테리아는 우주를 여행했을까?

연구원들이 원시 지구의 시대에 존재했던 성분으로부터 생명체를 직접 재현하는 것은(불가능하지 않다고 해도) 어려운 일이다. 프리바이오틱 분자부터 아미노산 같은 생명체의 기원을 이루는 분자로 구성된 성분을 지구상에서 만들 수 없다면, 또

다른 시나리오를 생각할 수 있다. 이러한 성분들이 우주의 가스와 먼지의 저장소인 성간 성운 내부에서 합성될 수 있다는 것이다. 오늘날, 이 성운 내부에서 150개 이상의 분자가 발견되었는데, 그중 112개의 유기체 분자는 원자를 13개까지 포함하고 있다. 마치 성간 구름에서 별이 탄생하는 것처럼 이러한 성분들은 지구를 포함한 태양계 행성의 기원이 되는 먼지 구름에 갇혀 있다.

또 이들이 가혹한 일련의 테스트, 이를테면 행성 간의 이동, 대기권 재진입, 지표면 충돌 같은 테스트를 견딜 수 있다면 한 행성에서 다른 행성으로 이동할 수 있다. 그래서 일부 생물학자들은 생명체가 지구에 도착하기 이전에, 박테리아 생명체의 배아가 행성 간 여행을 통해 화성에서 먼저 출현했을 수도 있다고 믿는다. 만약 이것을 입증할 수 있다면, 우리는 진정한 의미에서 화성인의 후손이 되는 것이다!

생명체의 출현, 종말, 그리고 부활

하지만 주목해야 할 점은 우리가 알고 있는 지구상의 생명체는 연약하다는 것이다. 지난 5억 년 동안 그 강도는 달랐지만 총 다섯 번의 대멸종('빅 5'라는 용어로 분류된다)이 발생했으며, 그 기간에 동식물을 포함해 살아 있는 종의 75% 이상이 매번 사라졌다.

첫 번째 대멸종은 오르도비스기에서 실루리아기로 전환되는 4억 4,400만 년 전에 발생했다. 당시에는 지구의 대부분이 바다였는데, 해수면을 낮춘 빙하 작용으로 인한 급격한 기후 및 생태 변화에 적응하지 못한 종의 85%가 사라졌다. 두 번째 대멸종은 데본기의 끝인 약 3억 6,500만 년 전에 발생했다. 종의 75%가 파괴되었는데, 아마도 엄청난 빙하기 때문에 다시 한번 대멸종이 일어난 것으로 보인다. 세 번째이자 가장 큰 대멸종은 페름기와 트라이아스기 사이의 전환기(2억 5,200만 년 전)에 발생했다. 육상 동식물의 75%와 해양 종의 96%가 화산 폭발로 단 10만 년 만에 멸종되었다.

네 번째 대멸종은 트라이아스기에서 쥐라기 사이의 전환기(2억 년 전)에 나타났으며, 해양 종의 20%와 대부분의 파충류, 조류, 양서류, 즉 지구 생물 다양성의 절반이 사라졌다! 모든 대륙이 하나로 합쳐져 이루어진 초대륙 판게아의 분열과 동시적으로 발생한 이번 대멸종은 적어도 60만 년 동안의 대규모 화산 폭발이 원인으로 추정된다. 마지막으로 백악기와 신생대의 전환기(6,500만 년 전)에 있었던 다섯 번째이자 마지막 대멸종은 화산 폭발뿐 아니라 운석과의 충돌에도 영향을 받았으며, 새가 아닌(다시 말해, 조류가 아닌) 공룡의 멸종을 초래했다. 이러한 멸종 사례는 계속 열거할 수 있다. 일반적으로 생명체에게 찾아온 이러한 위기는 환경의 엄청난 급변, 이를테면 수백 미터의 해수면 변화, 대기 중 이산화탄소 및 이산화황 농도 변화, 혹은 지구의 냉각 및 지구 온난화와 관련이 있다.

이런 각각의 대멸종은 지구 종의 진화 및 멸종 이후 나타난 생명체의 다양화에 이바지했다. 대멸종 이전에 지배적이었던 유기체는 생존하더라도 더는 지배종이 되지 못한다. 반대로, 멸종에서 살아남은 유기체는 새로운 환경에 적응하여 조상과는 다른 새로운 형태를 만들어낸다.

예를 들어, 백악기 말에 공룡과 함께 존재했던 포유류는 곰이나 고래와 같은 후손보다는 땃쥐와 더 닮았다. 파충류도 마찬가지다. 페름기-트라이아스기 멸종에서 살아남은 종은 그들의 후손과는 거의 유사하지 않다. 이것은 우연의 효과이다. 고생물학자 스티븐 굴드는 이렇듯 대멸종이 일어나는 동안 발생하는 주요 전환을 설명하기 위해 우연의 영향, 즉 '연속성'이라는 용어를 만들었으며, 우리는 이 때문에 동물 진화의 미래를 확실하게 예측할 수 없다.

각각의 대멸종은 지구 종의 진화 및 멸종 이후 나타난 생명체의 다양화에 이바지했다.

생명체는 왜 '지구'에 나타난 걸까?

지구상에 생명체가 출현하여 해저에서 극지방, 건조하고 더운 사막에 이르기까지 매우 다른 조건의 모든 바다와 대륙으로 확장한 것은 지구가 겪은 진정한 식민지화일 것이다. 아마도 태양계 행성 중에서 유일하게 성공적으로 식민지화된 사례이며 이는 수십억 년이라는 긴 시간 동안 중단 없이 이어졌다!

바로 이것이 과거 지구상의 생명체 출현에 유리하게 작용했던 조건이 오늘날 우리가 존재할 가능성이 있는 외계 생명체뿐만 아니라 식민지화할 수 있는 다른 행성을 찾는 데 도움이 되는 이유다. 지구가 가진 유리한 조건에는 태양과의 적당한 거리, 대기와 물로 둘러싸인 암석 표면, 판 구조의 활동, 달의 존재, 미세 운석의 영향 및 태양에서 방출되는 에너지 입자에 대한 방패 역할을 하는 자기장의 존재가 있다. 다른 요인들도 중요한 역할을 할 수 있는데, 바로 거대한 바다다. 미세 운석을 막아 내는 대기에 의해 유지되는 바다는 미세 운석이 연소하는 것을 방지하여 유기 분자의 공급이 거의 끊임없이 가능하게 했다.

행성의 크기 역시 중요하다. 너무 작은(달이나 수성 같은) 암석형 행성은 대기를 유지할 수 없으며, 반대로(토성이나 목성같이) 너무 큰 행성은 거의 대부분이 기체 상태여서 생명체가 살 수 없다.

2

우리는 지구를 떠나야만 할까?

지구 탄생 후 45억 7천만 년이 지난 지금,

생명체는 지구 전역에서 성공적으로 번성했으며,

그 종도 매우 광범위하고 다양해졌다.

그러나 현재 생물 다양성은 심각한 위험에 처해 있으며,

특히 인간의 활동으로 일어난 기후 변화, 오염,

해양 산성화 등으로 6차 대멸종 또는 새로운 시대인 인류세로

진입하리라는 가설이 힘을 받고 있다.

그렇다면 여기서 의문점이 생긴다.

현재 예측에서도 알 수 있듯이, 상황이 더 악화된다면 언젠가는

인간이 지구를 떠나는 것을 고려해야 할까?

여섯 번째 멸종

가장 위대한 포식자, 지구를 지배할 정도로 너무나도 엄청난 포식자, 기후를 변화시키고 생물 다양성을 파괴하는 포식자인 인간은 현재 자신의 무덤을 파고 있는 것일까? 이런 생각이 다소 과하게 들릴지 모르지만, 그렇게 비합리적인 추론은 아닐 것이다. 석탄 같은 매장된 화석을 사용하면서 탄소 순환에 미친 인간의 행동은 대기뿐만 아니라 바다, 빙하, 동식물, 지구의 맨틀까지 영향을 미치며 지구 온난화를 일으키고 있다.

몇 가지 예를 들어보면, 육지 표면의 3분의 1이 농업 생산으로 전환되면서 담수 자원은 재생 속도보다 더 빨리 고갈되고 있으며, 질소와 인의 자연적인 순환은 비료 사용으로 바뀌고 있고, 이산화탄소 및 기타 온실가스의 배출량이 증가하면서 어류가 고갈되고 바다의 온도, 산성화 및 염도가 높아지고 있다. 현재 지구 온난화의 특수성은 그 속도에 있다. 1850년에 조사가 시작된 이후로 지구 기온 역사상 가장 더운 16년 중 15년이 2000년 이후에 발생했다. 그 기간 동안 기온에 영향을 미칠만큼 진화한 자연적 요인은 없었기 때문에, 20세기로 접어들면서 지구의 평균 온도가 약 0.6도 상승한 기후 변화를 설명할 수 있는 건 인간 활동으로 인한 대기 중 온실가스 증가뿐이다.

이렇듯 '인위적인' 기후 변화는 생물권에 장기적인 영향을 초래할 위험이 있다. 지구상에서 생물 다양성은 놀라운 속도로 감소

하고 있으며 일부 종은 발견되기도 전에 멸종 위기에 처하고 있다! 예를 들어, 척추동물은 1970년에서 2020년 사이, 단 50년 만에 개체 수가 약 67% 급감했다. 대형 포유류 중에서 가장 큰 육식 동물 60%와 가장 큰 초식 동물 최소 60%가 멸종 위기에 처해 있다.

이처럼 오늘날 생태계는 모든 곳에서 위협을 받고 있으며 서식지 파괴, 농업, 벌목, 도시화, 채굴, 사냥과 낚시를 통한 남획, 오염 등으로 종이 사라지고 있다. 특히 생물 다양성의 70%가 존재하는 바다는 그 자체로 사실상 시한폭탄과도 같다. 바다는 지금까지 지구 온난화 영향의 93%를 흡수했다. 그러나 바다는 이런 완충 역할을 견디다 못해 현재 생태계에 높은 대가를 요구함으로써 해양 생물들의 이동을 유발하고 있다. 또한 번식 및 먹이에 변화가 생겼으며, 산호의 백화 현상에 이어 어종의 4분의 1이 서식하는 산호초가 파괴되고, 해조류 증식으로 수중 산소의 양이 감소하고 있다. 더구나 대기 온도가 높아지자 대서양과 태평양 사이의 빙하가 녹으면서 해수면이 상승하고 바이러스 및 박테리아와 같은 침입종이 자유롭게 이동하게 되었다.

인간이 지구에 미치는 영향을 보여 주는 이 충격적인 사실들을 늘어놓다 보면 우리 시대가 겪을 위기를 어떤 것으로도 막을 수 없을 것만 같다. 또한 지구에 찾아올 여섯 번째 멸종이라는 가설 역시 타당해 보인다. 하지만 여기서 주목해야 할 점은 이번 대멸종은 지구 생명체 역사상 처음으로 동물 종(인간!)에게 책임이 있다는 사실이다. 지난 5천만 년 동안 이루어진 동식물종 및 인류의 발전과 퇴보, 확장과 파괴, 그리고 지구 생물 다양성의 대규모 파괴에 이르기까지 생명체의 오랜 진화 역사와 비교해서 생각해 보자. 정말 아찔하지 않은가?

새로운 시대, 인류세?

'인류세'란 네덜란드 기상학자이자 화학자인 파울 크루첸(1995년 노벨 화학상 수상)이 홀로세 이후의 새로운 지질 시대를 지칭하기 위해 20세기 말에 제안한 개념이다. 현재 논의 중인 이 새로운 시대는 지구 역사상 최근에 나타난 환경 변화 또는 생태계 및 종과 생물 다양성 손실에 영향을 미치는 인간 활동, 지구 시스템 전체의 기능까지 반영하기 위한 것이다. 지구 환경에 남긴 인간의 흔적은 이제 자연의 강력한 힘에 필적할 정도로 너무 커졌다.

여기서 중요한 점은 인류세가 언제 시작되었는지를 아는 것이다. 왜냐하면 인간이 환경에 미친 영향은 수 세기, 심지어 수천 년 동안 지속되었기 때문이다. 따라서 우리는 시간 순서대로 시대별 '골든 스파이크(황금기)'를 정의해서, 이것을 지구 전체에 적용해야 한다.

인류세는 급속히 증가한 인구로 인해 석탄과 석유의 집중적 채굴이 이루어지고 화학 비료와 플라스틱, 세라믹, 콘크리트, 시멘

트와 같은 신소재의 대량 사용이 가속화되던('엄청난 가속'이라고 말할 수 있다) 1962년에 시작되었을까? 아니면 2차 세계 대전이 끝날 무렵인 1945년에 사용된 원자 폭탄에서 나온 플루토늄과 탄소 14와 같은 방사성핵종의 영향을 받은 지구 퇴적물과 암석을 명확하게 표시하여 이 시기를 시작점으로 삼아야 할까? 아니면 1809년, 유럽에서 산업 혁명이 시작되면서 이루어진 대규모 석탄 소비가 대기 중 이산화탄소 농도를 증가시켰을까? 1784년, 제임스 와트가 증기 기관으로 특허를 받은 날, 산업 혁명의 시작을 발표하면서일까? 1610년, 신대륙의 꽃가루가 유럽으로 유입되면서부터일까? 3천 년 전, 납이 녹기 시작하면서 땅이 오염되어서일까? 아니면 5천 년에서 1만 년 전, 신석기 시대에 인간이 정착하고 동물을 가축으로 기르고 농업을 발전시키면서 숲을 목초지와 경작지로 바꾸고 경관과 식생을 변화시켜서일까?

실제로 인류가 지구상의 12개 이상 다른 장소에서 전 생물권과 지구 생태계를 전반적으로 변화시킨 것이 바로 신석기 시대였다. 그로 말미암아 인간에 의해 최초의 멸종이 발생했고, 금속을 녹이기 위해 나무를 태우면서 대기 중으로 방출된 이산화탄소 농도도 처음으로 정점을 찍었다. 관개 운하와 저수지의 대규모 네트워크는 경관과 생태에 지울 수 없는 흔적을 남겼다. 또한 10만 년 전에 인간이 처음 대이동을 시작할 때, 혹은 그보다 더 전인 인간이 불을 길들이고 사용할 때까지도 거슬러 올라갈 수 있다.

그렇다면 어떻게 해야 할까?

물론 생명체는 항상 지구에 영향을 미쳐 왔으며, 멸종은 다른 한편으로 생물 다양성의 폭발을 가져온다는 합리적 이유를 들어 이를 반박할 수도 있다. 그렇다면, 우리 인간이 사라지면 훨씬 더 새로운 생물 다양성의 시대가 시작될 것이라고도 말할 수 있다!

그러나 거대한 운석과의 충돌이 멸종(공룡 멸종이 한 예가 될 수 있다)의 외부적 원인에 해당한다면, 지구 온난화는 내부적 원인에 속한다. 따라서 현재 지구 표면을 지배할 만큼의 지능을 가진 '슈퍼 포식자' 종인 인간은 태양이 적색 거성이 되어 지구상의 모든 생명체를 멸종시키기 훨씬 전에 사라질 가능성이 크다. 그럼 우리는 다음과 같은 질문을 할 수 있다. 인간이 사라지고 수천만 년이 지난 후에는 어떤 종이 지구를 지배하게 될까?

이 질문은 누가 인간을 대체할 것인지 알기 위함이 아니다. 근본적인 변화와 함께 생명체가 다시 활기를 띠게 될 것이다. 그렇다면 새로운 지배 종은 원숭이, 돌고래, 쥐, 곰, 바퀴벌레, 돼지, 개미 또는 다른 동물이 될까? 어떠한 일이 일어나든, 우리 행성은 박테리아가 양적으로 지배할 것이며 5마리 중 4마리는 여전히 선충(회충으로 진화)일 것이다. 인간처럼 영장류인 거대 유인원은 지구를 지배할 가능성이 거의 없다. 왜냐하면, 거대 유인원은 우리와 기본적인 생리적 조건을 공유하고 있어서 인간을 초토화시킬 새로운 질

지구 행성 표면을 지배할 만큼의 지능을 가진 '슈퍼 포식자' 종인 인간은 태양이 적색 거성이 되어 지구상의 모든 생명체를 멸종시키기 훨씬 전에 사라질 가능성이 크다.

병에 걸려 우리보다 먼저 사라질 가능성이 있기 때문이다(최근 연구에 따르면 2050년경 멸종될 것으로 예측된다).

반대로, (만일 있다면) 미래의 지배종이 놀라운 지능을 가지고 있고, 언어를 사용하며, 도구를 만드는 뛰어난 손 기술이 있어 인간과 유사한 사회를 발달시킬지는 분명하지 않다. 실제로 진화는 지능을 선호하는 것이 아니라 종의 적응성, 생존 및 번식 능력을 선호하는 것 같다(박테리아는 특별히 똑똑하지는 않지만 다른 조건에 잘 적응하는 방법을 알고 있다).

이렇듯 암울한 미래를 상상하기 전에 과거로 돌아가 보자. 인간의 역사는 어떤 역사인가! 6천 5백만 년 전, 지구와 충돌한 운석의 영향으로 공룡이 멸종되면서 시작된 우연과 필요 사이에 생겨난 이 운명을 누가 상상이나 했을까? 포유류가 빠르게 진화하고 다양해지면서 발달한 인류는 지구 전체를 식민지로 삼게 되었다. 5천만 년 전, 위대한 영장류는 진화를 거듭하여 오스트랄로피테쿠스가 탄생했고, 이어 호모속(사람속(屬) - 옮긴이)으로 진화하여 지구상의 여러 곳을 지배하더니 마침내 호모 사피엔스가 되어 식민지화를 멈추지 않고 오늘날 달까지 도달했다!

호모 사피엔스가 지구를 지배하기 시작하면서 지구 자원의 극단적인 사용, 지구 온난화를 포함한 지구에 닥칠 위험 때문에 합리적인 호모 사피엔스들은 걱정스럽다. 어떤 사람들은 호모 사피엔스가 항상 위험에 적응하는 방법을 찾아냈다고 반박하기도 한다. 그러나 이번 위험은 지역적인 것이 아니라 전 지구적이다.

인류가 기후 변화와 오염에 맞서 싸우려는 이 엄청난 전투는 이미 시작되었다.

그렇다면 인류는 지구에 머물기 위해 지속 가능한 방식으로 지구 자원에 대한 소비 방식을 조정할 수 있을까? 아니면 지구를 떠나 다른 별을 식민지로 만들어야 할까? 우리는 그러한 질문에 답할 수 없다. 우리가 할 수 있는 유일한 답은 적어도 현재로서는 자원 소비 방식을 조정하는 것이 단기적으로는 다른 행성을 식민지화하기 위해 떠나는 것보다 더 쉽다는 것이다. 인류가 기후 변화와 오염에 맞서 싸우려는 이 엄청난 전투는 이미 시작되었다.

인류가 지구를 떠나야 하는 이유, 남아야 하는 이유

마지막으로, (가장 비관적이라고 할 수 있는) 어떤 사람들은 다수의 생물 종이 멸종하는 것, 그보다 일반적으로 말해서 지구상의 생물 다양성이 사라지고 곧 인간의 멸종으로 이어질 여섯 번째 멸종 가능성을 심각하게 생각하고 있다. 이런 극단적인 상황에 도달하지 않고도 인류가 지구를 떠나야 하는 몇 가지 이유를 생각해 볼 수 있다.

지구는 새로운 운석과 충돌하게 될까?

지름 100~300m인 소행성이 50,000km/h의 엄청난 속도로 우리를 향해 돌진해서 지구와 충돌하는 순간, 히로시마 원자 폭탄의 7만 배 위력에 해당하는 약 10억 톤의 엄청난 에너지가 발생한다. 이는 지금까지 전 세계에서 수행된 전체 핵 실험의 두 배이다. 만약 그런 소행성이 파리에 떨어진다면 적어도 일드프랑스 전체가 즉시 파괴될 것이다. 이런 재난 시나리오는 얼마나 그럴듯할까?

평균적으로 지름 20m인 소행성은 60년마다, 지름 140m가 넘는 소행성은 75만 년마다, 그리고 지름이 10km가 넘는 소행성은 1억 년마다 떨어진다(지름 10km가 넘는 소행성과의 충돌로 6천 5백만 년 전에 공룡이 멸종했다). 지름이 1km가 넘는 소행성은 우리에게 잘 알려져 있으며, 다음 세기까지는 실제로 위협이 되지 않을 것이다. 하지만 지금까지 우리는 지구 궤도를 가로지르는 100m가 넘는 소행성 중 약 20%만 확인했다. 따라서 우리는 소행성이 지구와 충돌할 수 있다는 가능성을 배제할 수 없고, 그 크기나 충돌 날짜 역시 예측할 수 없다!

인류가 지구를 떠나야 하는 몇 가지 이유를 생각해 볼 수 있다.

환경 오염, 지구 온난화 및 생물 다양성의 소멸 외에도 자원에 대한 수요 증가와 로스코스모스(러시아 연방우주청 – 옮긴이)와 NASA가 협력해 제공하는 국제 우주 정거장에 체류하는 우주 관광(30일 체류 비용은 승객당 5,800만 달러로 추산된다!), 그리고 세계적인 전염병, 연쇄적인 화산 폭발, 지구 궤도를 지나가는 소행성 등과 같은 당장 눈앞에 임박한 재앙이 있다. 마지막으로, 20세기 초에 러시아-소비에트 우주 비행의 선구자인 콘스탄틴 치올코프스키는 떠나고 싶은 욕망을 언급하면서 이렇게 말했다. "지구가 인류의 요람이기는 하지만, 그렇다고 우리가 평생을 요람에서 보내지는 않는다." 그래서 부득이하게 혹은 우리의 의지에 의해서든 지구인이 떠나야 한다고 가정해 보자. 하지만 어디로 가야 할까?

1990년, 보이저 1호 탐사선이 지구에서 64억 km 떨어진 태양계 가장자리에 도달했을 때, 우리 행성쪽으로 뒤돌아보면서 사진을 찍었다. 거의 눈에 보이지 않을 만큼 작은 우리 별은 태양과 가까이 있어서 훨씬 더 밝게 보였다.

미국의 천문학자인 칼 세이건은 이 "창백한 푸른 점(pale blue dot)"을 훌륭하게 묘사했다. "우주라는 광대한 경기장에서 지구는 아주 작은 무대에 불과하다. 인류의 모든 장군과 황제들이 저 작은 점의 극히 일부를, 그것도 아주 잠깐 동안 차지하는 영광과 승리를 누리기 위해 죽였던 사람들이 흘린 피의 강물을 한번 생각해 보자.

지구는 우리를 둘러싼 거대한 우주의 암흑 속에 있는 외로운 하나의 점이다.

저 작디 작은 픽셀의 한쪽 구석에서 온 사람들이 다른 쪽에 있는 같은 픽셀 크기의 사람들에게 저지른 셀 수 없는 만행을 생각해 보자. 얼마나 많은 오해가 있었는지, 얼마나 강렬하게 서로를 죽이려고 했는지, 그리고 그런 그들의 증오가 얼마나 강했는지 생각해 보자.

위대한 척하는 우리의 몸짓, 스스로 중요한 존재라고 생각하는 우리의 믿음, 우리가 우주에서 특별한 위치를 차지하고 있다는 환상은 저 창백한 파란 빛 하나만 봐도 문제임을 알 수 있다. 지구는 거대한 우주의 암흑 속에 있는 외로운 하나의 점이다. 그 광대한 우주 속에서 우리가 얼마나 보잘것없는 존재인지 안다면, 우리가 스스로를 파멸시켰을 때 우리를 구원해 줄 외부의 도움은 없다는 사실을 깨닫게 된다. 현재까지 알려진 바로는 지구가 생명이 살 수 있는 유일한 장소이다. 적어도 가까운 미래에 우리 인류가 이주할 수 있는 행성은 없다. 잠깐 방문을 할 수 있는 행성은 있겠지만, 정착할 수 있는 곳은 아직 없다. 좋든 싫든 인류는 당분간 지구에서 버텨야만 한다."

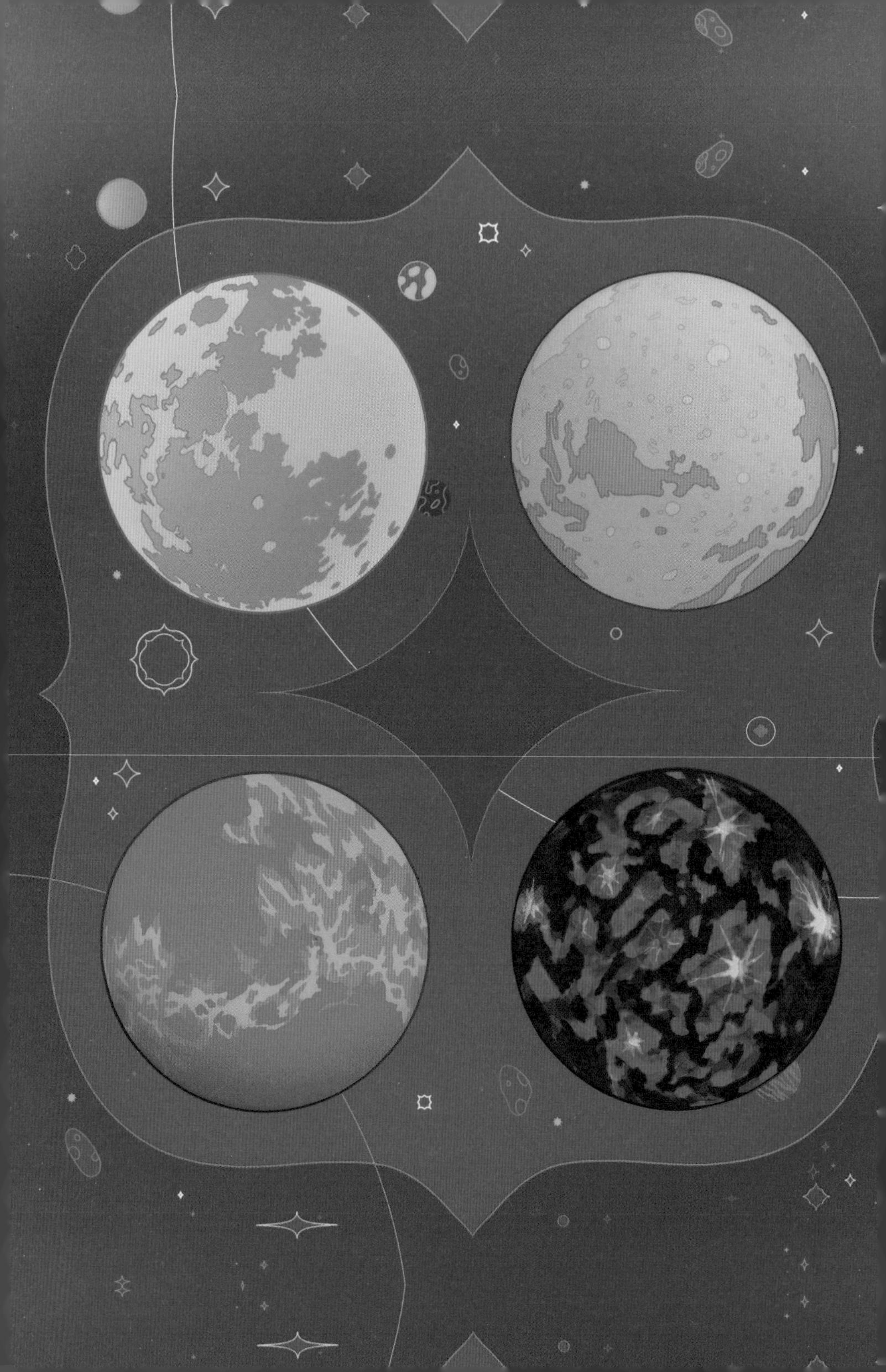

3

일단 수성에서 화성까지 돌아보자

좋다, 이제 결정되었다. 인간은 지구를 떠난다!

하지만… 어디로 가야 할까?

우선, 가까운 목적지를 선택하자.

더 지체하지 말고 태양계의 여러 천체를 탐사하면서

우리가 적응하기에 이상적인 식민지 장소를 찾아보자.

장밋빛 미래를 꿈꾸면서.

먼저, 지구와 크기나 구성면에서 비슷하면서

가장 접근하기 좋은 행성인 수성, 금성, 화성을 살펴보자.

수성 언뜻 보기에도, 수성을 식민지화하는 것은 힘들어 보인다. 태양과 가장 가까운 행성(공전 주기 88일, 반경 2,440km)인 수성은 굉장히 혹독한 조건을 가지고 있는데, 온도를 살펴보면 어두운 부분은 -150도, 그리고 태양 빛을 받는 부분은 450도이다! -200도에 달하는 극지방 분화구 바닥에 얼음 형태의 물이 있으며, 이 온도는 태양계의 가장자리만큼 낮다! 남극의 레이더 영상을 통해 알려진 이 얼음은 반사 지점을 명확하게 보여 주는데, 아마도 수성에 충돌한 운석과 혜성 때문에 생긴 것으로 보인다. 그러나 물론 액체 형태의 물이 있다는 흔적은 없다. '베피콜롬보(유럽우주기구(ESA), 2018년 발사)'의 탐사 임무 덕분에 얇은 대기로 둘러싸인 매우 뜨거운 이 행성에 대해 더 많이 알 수 있게 되었다. 사실, 태양과의 근접성 역시 수성이 그다지 매력적으로 보이지 않는 이유이다.

금성 수성 다음에 위치한 지구형 행성인 금성(공전 주기 225일)은 지구와 비슷한 크기(반경 6,052km), 질량, 밀도 및 구성을 가지고 있어 우리 행성과 거의 같은 쌍둥이 행성이 될 수도 있었다. 환경이 그렇게 나쁘지 않았다면 말이다. 태양계를 탐사하던 초기만 해도 금성은 매우 인기 있었다.

금성은 1962년에 행성 탐사선(NASA의 마리너 2호)이 최초로 상

공을 비행한 행성이다. 1966년에 착륙선(로스코스모스의 베네라 3호)이 표면에 내린 첫 행성이었고, 로봇 탐사선(1970년에 발사된 로스코스모스의 베네라 7호)이 최초로 탐사한 행성이기도 하다. 이 로봇 탐사선은 금성 대기를 12분 동안 가로지른 후 착륙하여 금성 표면에서 23분 동안 작동했다.

게다가 이 탐사선은 가상의 바다 위를 떠다니도록 설계되었다! 금성은 지표면 위로 50~70km 사이에 행성 전체를 둘러싼 두꺼운 구름층으로 완전히 가려져 있었는데, 당시에는 너무 불투명해서 기후 조건을 가늠하기 어려울 정도였다. 공상 과학 소설 작가들은 구름 아래로 펼쳐진 열대 우림을 상상하기도 했다. 그것은 즉, 생명체가 아직 그곳에 존재하지 않는다면 초목이 무성한 이 행성에 무엇이든 쉽게 번성할 수 있다는 것을 시사했다! 또한 금성은 무려 243일 동안 공전 방향과 반대로 매우 느리게 자전하는 별난 행성이기도 하다.

과거 로마인들에게 비너스(금성)는 사랑의 여신을 상징했지만, 베네라 4호가 보여 준 첫 번째 데이터는 강력한 온실 효과로 극한의 압력(지구 대기압의 90배!)과 470도(납을 녹일 수 있을 만큼 뜨거운)에 달하는 지상 온도가 맞물려 오히려 뜨겁고 해로운 단테의 지옥을 떠올리게 한다. 이것은 95%의 이산화탄소와 0.002%의 물(금성 지반 전체를 덮

금성은 무려 243일 동안 공전 방향과 반대로 매우 느리게 자전하는 별난 행성이기도 하다.

는 1cm 두께의 액체 층에 해당)로 구성된 두꺼운 대기로 만들어진 온실 효과의 결과이다. 지표면 바람은 매우 느리지만(1m/s), 고도가 높은 곳의 바람은 훨씬 더 빠른데(약 360km/h), -70도에서 금속을 녹일 수 있는 황산 구름을 형성한다. 거기에 번개까지 더하면 금성은 그다지 평화롭거나 서정적이지 않다. 금성은 사랑도, 황홀한 열정도 아니다!

지표면도 화산(아마도 활화산?) 활동으로 만들어진 산이 있어 악조건이다. 이곳은 마젤란호(NASA, 1989년 발사), 비너스 익스프레스(ESA, 2005년 발사), 아카츠키(2010년 일본우주항공연구개발기구(JAXA)에서 발사) 탐사선이 탐사한 곳이다. 2023년으로 예정된 인도 우주국(ISRO)의 대기권 탐사선 발사 계획을 포함하여 2025년에 NASA의 대기권 탐사 계획, 2032년에 ESA의 대기권 탐사 계획, 2026~33년 사이에 시작될 미국-러시아 프로젝트 등 여러 탐사 프로젝트가 있다.

비록 금성이 과거에는 지구처럼 바다로 완전히 뒤덮여 있었을 수도 있지만, 극도로 강력한 온실 효과와 태양 자외선으로 점차 물은 사라지고 사실상 불가마가 되었다! 따라서 식민지화할 수 있는 장소도 아니며, 대기 상층부에 유일하게 생명체가 존재할 가능성이 있긴 하지만 그곳도 -157도여서 너무 춥다!

그럼에도 생명체에 필요한 모든 요소를 갖고 있었고 무엇이든 수용할 수 있던 이 행성이 어떻게 뜨거운 산성의 건조한 지옥 행

수성

150도

태양과 가장 가까운 암석 행성

표면 온도는
-150도에서 450도 사이이다.
수성에서 발견된 유일한 물은
매우 깊은 분화구에 있는
얼음 형태의 물이다.
온도가 매우 높고 중력이
약하기 때문에 대기는
거의 존재하지 않는다.

금성

470도

태양과 두 번째로 가까운 암석 행성

한때는 생명체가 살아가는 데
필요한 모든 요소가 있었을 것으로
추측한다.
두꺼운 대기가 만들어내는
온실 효과로 인해
표면 평균 온도는 470도이다.
물은 거의 없다.

지구

14도

태양에서 3번째 위치에 있는 암석 행성

표면 온도는
56도에서 -93도 사이다.
표면의 71%가 물로 덮여 있다.
평균 100km 두께의
대기가 있다.

화성

-63도

태양에서 4번째 위치에 있는 암석 행성

고대 강 유역이 남긴 듯한
흔적을 통해 표면에
물이 많이 있었다고 추정된다.
표면과 그 아래에 얼음이 있다.
대기는 매우 희박하다.

성으로 변한 것인지 이해하는 것은 의미가 있기 때문에 금성에 관한 연구는 필요하다.

화성

화성은 수성, 금성, 지구에 이어 태양에서 네 번째로 떨어진 지구형 행성(공전 주기 687일)으로, 태양으로부터 2억 7백만~2억 5천만 km 떨어진 곳에서 공전한다. 지구보다 두 배 작고(반경 3,390km), 질량과 중력도 작으며, 평균 온도는 -63도(지구는 14도)인데 적도 부근은 -100도에서 0도로 낮과 밤의 온도 차가 극심하다. 이산화탄소 96%, 질소 2.7%, 아르곤 1.6%, 산소 0.13% 및 0.03%의 수증기로 구성된 대기(우리가 전혀 숨을 쉴 수 없다)가 희박하게 존재한다.

지구의 687일이 화성의 1년으로, 우리 1년의 두 배이다. 반면 화성의 하루(24시간 40분)는 지구상의 하루(23시간 56분)와 비슷하다. 지구와 마찬가지로 화성에도 사계절이 있지만, 정도나 지속 기간은 불규칙적이다. 가을이 가장 짧고(147일), 봄이 가장 길다(199일). 화성에는 10~30km 떨어져 있는 포보스와 데이모스라는 감자 모양을 한 위성 두 개가 있다. 이 모든 요소가 화성을 금성보다 훨씬 더 지구적 특성에 가까운 쌍둥이 자매로 여기게 만들었다.

화성과 화성인 1666년, 이탈리아계 프랑스 천문학자인 카시니(현재의 파리 천문대, 프랑스 파리 국립 천문대의 초대 소장)가 최초로 화성에서 극관을 발견했으며, 1784년경에는 영국계 독일인 천문학자인 허쉘이 화성은 눈과 얼음으로 이루어져 있다고 주장했다. 크기는 그린란드 정도이고 총 두께가 1km가 넘는 극관이 실제로 물로 구성되어 있다는 증거는 1964년의 분광 관측을 통해 찾아냈다.

그 사이에 환상가들의 시대가 찾아왔다. 화성의 운하! 이 모든 것은 이탈리아 천문학자인 스키아파렐리가 제작한 당시 가장 정확한 화성 지도가 1877년에 출판되면서 시작되었다. 이 지도에는 '운하'가 포함되어 있었다. 자연 협곡과 인공 운하 사이, 그 어딘가에 있는 모호한 성질의 이러한 형태를 가리켜 미국인 아마추어 천문학자이자 사업가인 로웰은 관개용 운하로 불렀고, 이는 1896년부터 통용되었다.

그는 거기에서 매우 대범하게 앞서나가서 화성 문명을 그려 보았다. 지능적인 문명을 이룬 생명체가 물을 공급하기 위해 이 붉은 행성에 복잡한 구조물을 건설하는 것뿐만 아니라, 극에서 적도로 물을 운반하는 것까지 상상했다! 그는 1907년에 저명한 과학 학술지 〈네이처〉의 초청으로 화성 생명체 연구 현황에 대한 논문을 작성했다.

그 순간부터 화성인을 둘러싼 상상은 계속 발전했고, 오늘날에도 종종 넘치는 열정에 고무된 NASA의 보도 자료에 그 내용들이 실리고 있다. 비록 망원경이 발달하면서 운하의 이미지는 찾아볼 수 없지만 천문학자들은 여전히 화성에서 식물, 지의류, 조류 등을 발견했다고 믿고 있다. 매번 후퇴하기 전에 희망이 찾아온다!

우리가 화성에서 (화성인이 없다 해도!) 생명체의 흔적을 찾고 있다는 것은 그동안 수많은 화성 탐사 임무가 있었음을 보여 준다. 매리너 4호(NASA, 1965년 발사)와 마스 3호(1971년 로스코스모스에서 발사), 바이킹 1호 및 2호(NASA, 1975년 발사)를 포함해 11개의 궤도 탐사선과 8개의 현장 탐사선이 있었는데, 이들을 통해 화성에서 얼음 형태의 물의 존재를 최초로 확인했다. 또한 화성 토양에서 가능한 생물학적 활동을 탐지하기 위해 우주 생물학 실험을 했다(그 결과는 부정적이었다).

천문학자들은 여전히 화성에서 식물, 지의류, 조류 등을 발견했다고 믿고 있다. 매번 후퇴하기 전에 희망이 찾아온다!

20년 후, 미국과 유럽의 탐사선과 로봇으로 다시 탐사가 재개되었으며, 2014년에는 인도 탐사선도 발사되었다. NASA는 단 두 번의 실패 끝에 화성에 8개의 탐사선을 착륙시키는 데 성공했지만, 러시아 우주국은 단 한 번만 화성에 도달하는 데 성공했다.

물론, 마스 2020(NASA, 2020년 발사) 등 탐사가 뒤따르고 있으므로 화성으로 향하는 임무는 계속 이어지고 있다. 우선, 가스 추적 궤도선 TGO(Trace Gas Orbiter)는 약 42일을 주기로 화성 주변을 공전하고 있는데, 그 이전인 2016년 10월 19일에 화성에 착륙하려다가 추락하고만 착륙선 스키아파렐리가 있다. 이 야심찬 임무의 주요 목표는 화성의 토양에서 아직 도달하지 못한 2m 깊이까지 시추하여 유기 분자와 생명체의 흔적을 찾는 것이었다!

화성 착륙이 어려운 이유는 탐사선이 옅은 대기에서 겪는 제동 때문이다. 탐사선은 표면에서 120km까지 21,000km/h로, 11km까지는 1,650km/h 속도로 6분 만에 떨어진다. 낙하산이 펼쳐지기 1km 전에서 후방 로켓이 작동하여 10km/h로 충돌하는 것이다. 이 충격을 흡수하기 위해 모듈의 하부는 충격 에너지를 흡수하는 역할을 하는 알루미늄 재질의 벌집 구조로 보호된다.

마지막으로, 인간이 거주하는 임무의 경우 최소 20년은 기다려야 하며, 우주에서 지내야 하는 몇 개월의 기나긴 여정이 가장 큰 어려움이다. 이 위험들은 뒤에서 이야기할 것이다.

화성에서 아타카마 사막처럼 희망을 찾을 수 있을까?

이 모든 화성 탐사 임무들은 세 가지 주요 성과를 가져왔다. 첫 번째는 화성의 지하에 관한 것이다. 몇 가지 단서에 따르면 최소 지하 60cm 깊이까지 얼음 형태의 물이 여전히 존재한다는 것을 알 수 있다. 또한 일부 분화구의 경사면을 따라 협곡이 존재하는 것을 볼 수 있다. 실제로 유성이 얼음 형태의 물로 가득 찬 지하에 미치는 영향도 있다.

그 다음으로, 화성의 여름 동안 분화구 측면에서 어두운 침전물 흔적을 볼 수 있다. 예를 들어 경사면을 따라 흐르는 유출물, 흘러내리는 진흙, 심지어 수 미터의 폭과 수백 미터의 길이에 달하는 산사태, 표면 먼지를 적시는 소금을 동반한 액체 물이 흐르는 모습 등이다. 수분 형태의 소금을 탐지하는 것은 화성에서 액체 상태의 물을 찾는 데 중요한 단계이며, 그 결과에 따라 화성이 미생물이 살 수 있는 서식지로 판명될 수도 있다. 이 붉은 행성은 칠레에 있는 아타카마 사막과 매우 유사한데, 지구에서 가장 건조한 이 사막에 사는 미생물의 유일한 물 공급원은 용해된 염분이다.

마지막으로 마스 익스프레스(ESA, 2003년 발사)의 레이더 관측을 통해 최근 염수로 이루어진 호수가 발견되었다. 두께가 1m 이상인 이 호수는 남쪽 극지방 아래 1.5km 깊이에 있으며, 염분 함량이 높아 얼지 않는 것으로 알려져 있다. 지구에 있는 '빙하' 호수에는 미생물이 살고 있다. 그렇다면 화성에는 왜 없을까?

화성 탐사 임무의 두 번째 성과는 화성의 대기에서 메탄을 발견한 것이다. 처음에는 마스 익스프레스 탐사선이, 그다음에는 큐리오시티 탐사선(NASA, 2012년 발사)이 탐지했다. 실제로 화성에서 메탄 분자의 수명은 약 300년인데 자외선에 의해 지속적으로 파괴되기 때문에, 메탄을 유지하기 위해서는 화성에 메탄의 영구적인 공급원이 있다고 추론하는 것이 합리적이다. 이는 곧 화성이 죽은 행성이 아니라 실제로 활동한다는 것을 의미한다!

이것은 지질학적 또는 생물학적인 두 가지 기원을 가질 수 있다. 화성의 메탄은 지질학적으로는 화산, 지열원에 의해, 또는 광화학이나 지구화학적 과정에서 생겨날 수 있고, 생물학적으로는 화성 표면 아래에 사는 '메탄 생성 세균'으로 알려진 박테리아에 의해서도 생성될 수 있다(총 메탄 배출량의 80%를 차지함). 현재 화성 주위를 공전하고 있는 탐사선 TGO의 목표는 메탄의 존재를 확인하고 그 기원을 밝히는 것이다.

> *분자가 재생하기 위해 메탄이 필요하다는 것은 화성이 죽은 행성이 아니라 실제로 활동한다는 것을 의미한다!*

38억 년 전, 화성에도 물이 있었다!

마지막으로, 최근에 알려진 가장 놀라운 사실은 먼 과거(38억 년 전)의 화성에 물이 있었다는 것이다. 아마도 4억에서 7억 년 전 사이에 많은 양의 액체 형태 물이 비 또는 강 및 바다의 형태로 화성 표면에 풍부하게 흐르고 있었다. 이 과거의 흔적은 아직도 남아 있다. 좁은 수로와 구불구불한 하천 구조들이 있으며, 큰 호수 및 해저, 삼각주, 강어귀, 섬, 퇴적층을 형성한 바다가 있다.

그 먼 시대에는 기후가 오늘날보다 더 온화하고(덥고 습했으며) 평균 기온 역시 영상이었다. 훨씬 더 두껍고 밀도가 높은 대기와

따뜻한 행성 핵에 의해 생성되는 상당한 온실 효과 덕분이다. 여기에 추가로 표면에 미세 운석이 축적되어 프리바이오틱 분자가 생성되었다.

이렇듯 지구 생명체의 출현에 유리한 기본적인 조건(물, 유기 분자 및 에너지)이 모두 화성에 존재했다. 38억 년 전, 화성의 운명은 불가사의하게도 우리 지구의 운명과 멀어졌다. 그러나 한편으로는 같은 시기에 지구에 생명체가 나타났다면 화성에서도 생명체가 존재했을 것이라고 상상할 수 있다.

4

정착은 못하더라도 자원은 얻을 수 있을까?

화성 너머, 우리가 번성할 이상적인 정착지를 찾아
태양계의 전체에 관한 탐사를 계속하자.
우리는 소행성대, 거대 행성, 얼음 표면 위성을
차례로 탐색할 것이다. 뒤에서 이야기할 유로파,
엔셀라두스, 타이탄 같은 위성에 대해 차갑고
구멍이 많은 물질들로만 단정할지도 모른다.
하지만 소행성과 마찬가지로 미래의 행성 간 여행에
유용하고 흥미로운 자원을 추출하는 데
도움이 될 수 있을 것이다.

소행성대 태양에서 약 3억 7천만 km 떨어진 화성과 목성 사이에 있는 소행성대의 여러 천체에는 이미 우주 탐사선이 방문했었다. 탐사선 돈(NASA, 2007년 발사)은 2011년에 소행성 베스타(이 소행성대에서 두 번째로 큰 천체) 주위를 도는 궤도에 진입한 후, 2015년에 왜소 행성 세레스(가장 큰 천체로, 소행성대 총질량의 3분의 1)에 접근했다. 세레스는 지름 946km의 둥근 공 형태로, 분화구가 있고 대기는 없으며 20~30%가 얼음 형태의 물로 이루어져 있다. 돈은 차가운 분화구 바닥에서 표면으로 떠오르는 물 형태의 염분과 미네랄이 만든 흰색 반점을 발견했고, 끈끈한 진흙과 표면에서 1m 깊이에 있는 다량의 얼음, 그리고 복잡한 유기 분자를 분출하는 해발 4km의 극저온 화산을 발견했다. 이렇듯 세레스는 내부 열뿐만 아니라 원시 생명체 출현에 유리한 환경을 가지고 있다.

탐사선은 일부 소행성도 탐사했다. 탐사선 니어(NASA, 1996년 발사)는 2001년에 소행성 에로스 표면에 착륙했고, 하야부사 1호(JAXA, 2003년 발사)는 2010년에 소행성 이토카와에서 수천 개의 먼지 입자를 가져왔다. 둘 다 물과 퇴적물(대기가 없는 행성, 위성 또는 소행성에 운석 충돌로 일어난 먼지층)을 감지한다. 하야부사 2호(2014년 발사)는 2019년 2월에 소행성 류구에서 먼지 샘플을 회수하여 지구로 돌려보내기 위해, 단 몇 초 동안 착륙했다가 바로 이륙하는 섬세한 '터치 앤드 고(touch and go)' 임무를 수행했다. 당시 3억 km

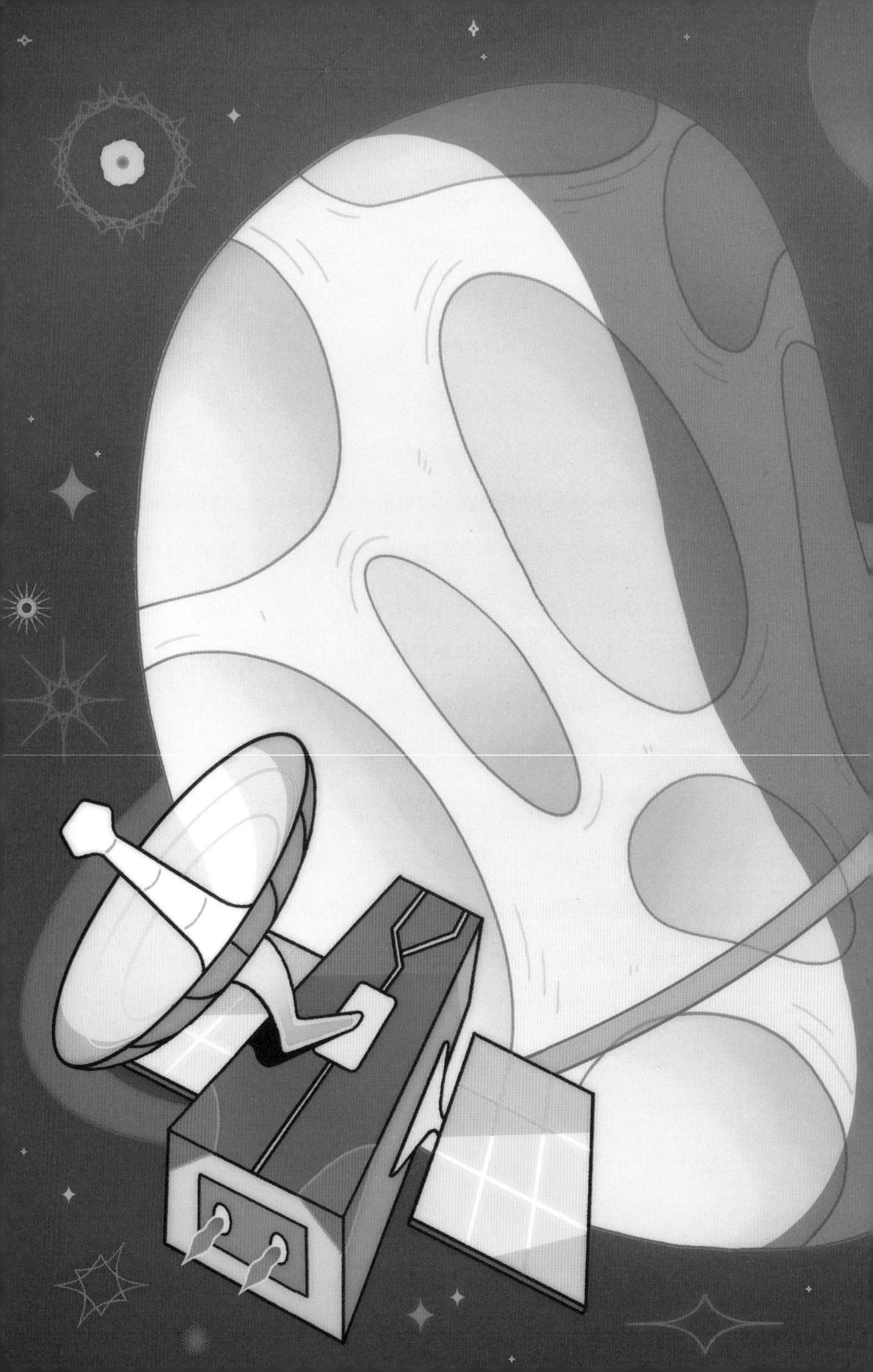

떨어진 곳에 있는 900m 너비의 이 소행성은 석탄보다 더 검고 암석이 박혀 있으며, 물보다 밀도가 높지 않아서 바다에 떠 있을 수 있는 정도다.

탐사선 오시리스-렉스(NASA, 2016년 발사)가 2018년에 도달한 소행성 베누는 지름이 500m이고 3.3시간마다 자전한다. 탄소가 풍부한 이 소행성은 향후 수천 년 내에 지구와 충돌할 2,500번의 기회가 있다. 때문에 이 탐사의 목표는 60g에서 1kg 정도의 먼지 입자를 소행성 토양에서 회수하는 것으로, 우리의 젊은 행성에 물과 유기 분자를 가져온 것이 탄소질 소행성인지 아닌지를 확인하려 한다.

마지막으로, 탐사선 프시케(NASA, 2022년 발사 예정)는 2026년에 주로 철과 니켈로 이루어진 금속성 소행성을 방문할 예정이다. 우주 탐사의 시간 척도는 항상 몇 년 단위이고, 심지어 탐사선 발사와 목표물까지의 여행 기간을 10년 정도로 잡는다는 점도 유의하자.

이 모든 소행성을 식민지 대상으로 생각하지 않는다고 해도, 태양계 여행을 위한 연료를 공급하는 데 필수적인 물질 추출을 위한 기지가 되어 줄 것으로 기대하고 있다. 100만 개가 넘는 소행성 류구 크기의 천체들이 태양계를 채우고 있기 때문에 자원은 엄청나게 많다! 따라서 소행성의 구성을 특징짓는 것은 우주 기관들이 태양계 천체에 대한 임무를 개발하려는 동기 중 하나이다.

거대 행성들 네 개의 거대 행성—목성(태양계에서 가장 큰 행성, 지구 반지름의 11배, 태양계 전체 행성 질량의 70%, 위성 79개), 토성(두 번째로 큰 행성, 태양계 전체 행성 질량의 21%, 82개의 위성, 다수의 얇은 고리), 천왕성, 해왕성—은 철, 규산염, 그리고 얼음 코어 주위에 태양과 유사한 구성의 대기로 이루어져 있으며, 지구 크기의 몇 배에 달한다. 이 거대한 행성 중 어느 것도 식민지화에 적합하지 않다. 그 이유는 대기 압력이 어마어마하기 때문이다. 그래서 그들의 위성 중 일부, 특히 목성과 토성의 위성이 오늘날 우리 태양계 탐사의 우선순위다.

목성의 위성, 유로파 지름이 3,000km인 유로파는 목성의 4대 위성 중 하나이며, (4대 위성은 갈릴레오가 발견했기 때문에 '갈릴레오 위성'이라고도 불린다) 거대한 목성에서 불과 60만 km 떨어진 곳에 있어 강력한 조석력을 겪고 있다. 탐사선 보이저(NASA, 1979년 발사)가 보내 온 첫 번째 이미지는 여름 태양 아래서도 -160도를 유지하는, 깊은 크레바스가 있는 얼음 표면이다.

탐사선 갈릴레오(NASA, 1989년 발사)는 회전하는 빙하와 그에 의해 깎인 자국, 가늘고 길게 파인 자국과 얼음이 수많은 조각으로 부서지는 것처럼 보이는 혼돈의 영역을 발견했다! 유로파는 3.5일

주기에 걸쳐 돌고, 조석 주기에 따라 균열이 열리고 닫힌다. 유로파에서는 극저온 화산 현상이 일어나서 용암이 분출하여 얼음 표면을 통과한다.

갈릴레오는 남극에서 활동 중인 간헐천이 해발 200km까지 수증기 기둥을 분출했다가 떨어지면서 표면에 염분을 흩뿌리는 모습도 포착했다. 마지막으로 목성에서 자기장을 감지해냈다. 전기 전도체, 그리고 소금! 이 두 가지 발견은 유로파 표면 아래에 지구의 모든 바다를 합친 것보다 두 배나 많은 물을 포함한 거대한 바다가 존재한다는 것을 증명한다!

유로파는 약 100km 두께의 빙하 아래에 바다로 둘러싸인 단단한 암석 코어로 구성되어 있고, 그 위에 약 10km 두께의 빙하가 떠 있다. 물을 액체 상태로 유지하는 데 필요한 열은 목성이 근접할 때 생성된 강력한 내부 조석력으로 보충한다. 아마도 유로파에 마그마가 있어 행성 핵에서 해저로 열을 전달할 수 있고, 마치 지구와 같은 수중 열수 온천이 있을 것으로 추측된다. 여기에는 미세세균 생물이 형성될 수 있는 유기 분자가 모여 있을 것이다.

탐사선 유로파(NASA, 2023년 발사), 탐사선 주스(ESA, 2022년 발사, 2029년경 목성 궤도에 진입한 후 3.5년 동안 관찰)를 통해 오늘날 태양계 탐사의 최우

전기 전도체, 그리고 소금! 이 두 가지 발견은 유로파의 표면 아래에 지구의 모든 바다를 합친 것보다 두 배나 많은 물을 포함한 거대한 바다가 존재한다는 것을 증명한다!

선 목표인 이 빙하 아래의 바다를 연구할 계획이다. 유로파는 생명체의 흔적을 찾는 데 큰 이점이 있다. 간헐천이 존재한다면 지표면 아래로 깊이 구멍을 파서 조사하거나 직접 착륙하지 않고도 빙하 아래 바다에서 물과 박테리아 샘플을 수집할 수 있을 것이다!

토성의 위성, 엔셀라두스 토성의 6대 위성 중 하나인 엔셀라두스는 태양계에서 가장 매혹적인 위성 중 하나다. 매우 활동적인 중형(지름 504km)의 얼음 위성으로, 거대한 능선과 균열이 있으며 남극에서 지구 물리학적 활동이 일어나고 있다. 2005년에 탐사선 카시니(NASA, 1997년 발사)는 남극의 얼음 균열로부터 고도 100km까지 솟아오르는 거대한 간헐천 기둥을 감지했다. 카시니는 2015년 10월에 지표면에서 불과 48km 떨어진 곳까지 접근해 그 사이를 통과했다.

이때 방출된 물질은 얼음 결정의 미세 입자, 서리 및 수증기, 염분, 유기 분자 및 복잡한 탄화수소로, 지표면을 덮고 있는 얼음 층 아래 약 45km 두께의 액체 바다에서 발생한다. 적도에서 35km, 남극에서 불과 2km 떨어진 곳에 위치하며, 이는 지하의 얼음에 흔적을 남기며 통과한다.

카시니는 육지 바다의 열수 분출구에서 그랬던 것처럼, 내부 바다의 물과 해저 암석 사이의 열수에서 발생하는 수소도 감지했

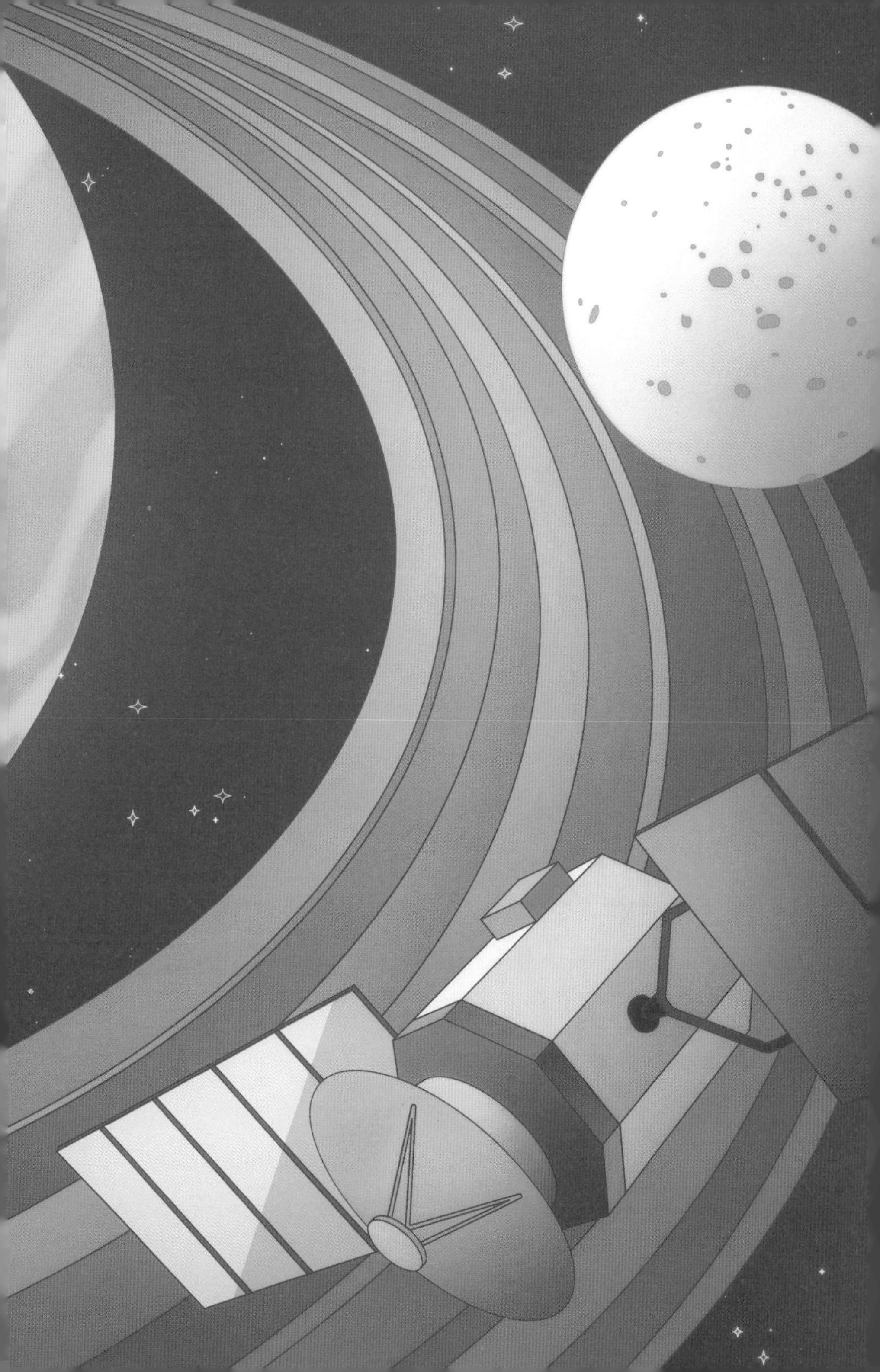

다. 염수가 액체 상태의 물로 남아 있으려면 암석 마그마와 접촉해서 강한 내부 열원을 받아야 한다. 이러한 에너지뿐만 아니라 최소 90도로 가열된 액체 상태의 물, 유기 분자, 불균형한 화학 환경 등 생명체의 출현과 박테리아 생명체의 잠재적 발달에 필요한 모든 성분이 엔셀라두스의 바다에 모여 있다. 아직 미생물이 발견되지는 않았지만, 잠재적인 먹이는 이미 존재한다고 말할 수 있다!

토성의 위성, 타이탄

지구 중력의 7분의 1에 해당하는 중력을 가진 토성(지름 5,150km, 달의 3배 크기) 주위를 도는 가장 큰 위성인 타이탄은 태양계에서 대기 밀도가 높은 유일한 위성이다(지구 대기압의 1.5배).

주로 질소(90~95%)와 메탄(3%)으로 구성되며 거대 분자와 적은 양의 수증기가 존재한다. 대기는 메탄 비와 뇌우, 강한 바람에 더해 구름으로 뒤덮여 있으며, 상층 대기에는 강풍(~100m/s)이 불고, 유기 에어로졸과 중탄화수소 성분의 짙은 안개가 끼어 있다. 그래서 타이탄은 유기 분자를 생산하는 행성 규모의 완벽한 실험실과도 같다! 자전 주기는 16일이고, 토성을 30년 만에 돌고, 계절은 7년마다 반복되며, 극축의 기울기는 27도로 지구와 비슷하다.

탐사선 카시니와 호이겐스(NASA/ESA)가 본 타이탄의 표면은 분화구 또는 화산과 산이 거의 없으며 최대 굴곡의 깊이는 2km이

다. 평균 -179도인 이 위성에는 메탄과 에탄 같은 액체 탄화수소로 가득 찬 600m 깊이의 협곡과 바다와 호수가 있으며, 메탄 파도가 얼음 바위로 된 해안을 부수고 있다. 따라서 타이탄은 지구에서 물의 역할을 하는 액체 메탄의 작용으로 태양계에서 지구와 함께 표면의 활발한 침식을 겪는 유일한 행성이다.

타이탄의 전형적인 풍경은 강, 강어귀, 삼각주, 호수, 섬, 바다, 얼음 산, 모래 언덕이 있는 '메타노그래피' 하천 시스템에 의해 어지럽혀진 얼음 지각의 모습이다.

2004년 12월 25일에 카시니 탐사선이 발사한 호이겐스 탐사선은 2005년 1월 14일에 타이탄의 대기로 뛰어들어 2시간 20분 만에 150km를 하강하고 풍선으로 감속해서 착륙한 후, 해당 지역에서 3시간을 활동했다. 호이겐스는 여름에는 말라 있는 얕은 습지로 보이는 곳에 착륙했다. 이곳은 모래와 얼음 자갈로 덮여 있고 액체 메탄으로 젖어 있었다. 패인 틈은 전류와 흐름의 존재를 암시한다. 타이탄의 표면 아래에는 50~100km 두께의 첫 번째 얼음층이 있는데 이 얼음 층은 200km 두께의 액체 바다를 덮고 있다. 그 다음으로 철과 암석으로 된 핵에 도달하기 전에 300km 두께의 두 번째 얼음 층이 있다.

타이탄이 형성된 후 1천만 년 동안 점차 액체 상태의 바다가 지표면을 차지했고, 지구의 바다처럼 암석 바닥의 대기와 일정하게 접촉이 이루어졌다. 그렇다면 생명체가 그곳에서 출현할 수 있었을까?

가능하지만 온도와 메탄 밀도를 고려할 때, 지구 생명체와 같은 것은 아닐 것이다. 액체 물을 액체 메탄으로 대체하면 어떤 신기하고 독특한 생명체가 나타날 수 있는지는 아무도 모른다!

이러한 질문에 답하기 위해 NASA는 8개의 회전 날개를 가진 쿼드콥터를 닮은 드론(2026년 발사, 2034년 착륙)을 타이탄에 보낼 계획이다. 모래 언덕과 분화구 사이에서 타이탄의 다른 부분을 분석하기 위해 2.5년의 임무 동안 여러 단계를 거쳐 175km를 탐색할 것이다.

예를 들자면, 목성의 위성(유로파, 가니메데, 칼리스토)과 토성의 위성(엔셀라두스, 타이탄, 디오네) 일부는 얼음 표면 아래에 액체 상태의 바다가 존재하며, 일부는 암석 코어와 직접 접촉하고 염수 간헐천을 가지고 있다. 지구에서 비슷한 곳을 찾자면 남극 빙하 호수인 보스토크호(최소 150만 년 전에 생긴)인데, 이곳에는 10만 년 동안 대기와 접촉하지 않은 동식물이 존재한다. 이 바다의 조건은 미생물의 출현뿐만 아니라 심지어 인간에게도 적합한 것처럼 보인다.

이처럼 많은 비밀을 숨기고 있는 이 위성이 우주 탐사의 최우선 대상이다. 그리고 빙하 아래 바다를 탐험하기 위해 얼음 층을 뚫는 꿈을 꾸는 것도 가능하다.

혜성 혜성은 태양계의 첫 백만 년 동안 형성된 태양 성운의 잔해이다. 그것들은 매우 어두운 얼음 알갱이와 먼지로 구성되어 있으며, 축적되고 응집되어 낮은 밀도와 많은 구멍(70% 공백으로 구성되어 있음)이 뚫린 지름 최대 수 km에 달하는 얼음 덩어리를 형성한다. 이는 태양계 경계의 혹독한 추위에서 형성되어 보존되었다.

핼리 혜성은 여러 탐사선과 마주한 최초의 혜성이다. 탐사선 베가 1호와 2호(로스코스모스, 1984년 발사), 탐사선 지오토(ESA, 1985년 발사), 탐사선 스이세이와 사키가케(JAXA, 1985년 발사)가 있다. 2004년 1월 2일에 탐사선 스타더스트(NASA, 1999년 발사)가 수백 km 떨어진 혜성 81P/Wild-2에 접근해 먼지를 채취했다. 2005년 7월 4일에는 탐사선 딥임팩트(NASA, 2005년 발사)가 투하한 금속 탄환이 혜성 템펠 1호와 충돌해 지름 약 30m의 분화구를 형성하면서 지하에서 나온 수 톤의 물질을 뿜어냈다. 탐사선 로제타(ESA, 2004년 발사)는 50억 km를 여행한 후, 2014년 5월에 4km 폭의 혜성 추류모프-게라시멘코(애칭은 추리) 근처에 도착한 다음 혜성에서 수십 km 떨어진 궤도에 진입한다. 그런 다음 66,000km/h의 속도로 이동하여 6개월 동안 지도화했다.

2014년 11월, 로제타는 표면을 분석하기 위해 혜성 추리에 파일리를 착륙시킨다. 혜성의 중력장이 매우 약하기 때문에 예상보다 착륙하기 어려웠다. 혜성에서 로제타까지 20km를 여행한 파

혜성은 소행성과 같이 탄소, 수소, 산소, 질소, 황 및 인으로 구성되어 있어서 태양계를 통해 이동하는 미래의 우주선에 공급할 유용한 물질의 이상적인 저장소가 된다.

일리! 로제타는 2016년 9월 30일에 착륙하여 임무를 종료하고 12년이 넘는 역사적인 우주 여행의 끝을 알렸다! 그리하여 추리 혜성은 달(1966년), 금성(1970년), 화성(1976년), 소행성 에로스(2001년), 타이탄(2001년), 마지막으로 소행성 이토카와(2005년)에 이어 인간이 보낸 인공 장치를 (부드럽게!) 착륙시킨 일곱 번째 천체가 되었다.

이 모든 연구는 혜성이 원시 생명체를 출현할 수 있게 하는 프리바이오틱 물질의 중요한 성분인 물과 유기 물질이 풍부하다는 것을 보여 주었다. 혜성은 소행성과 같이 탄소, 수소, 산소, 질소, 황 및 인으로 구성되어 있어서 태양계를 통해 이동하는 미래의 우주선에 공급할 유용한 물질의 이상적인 저장소이다.

다른 탐사도 준비 중이다. 그 예로 ESA는 탐사선 인터셉터(2028년 발사)를 보낼 계획이다. 이 탐사선은 지구에서 150만 km 떨어진 곳에서 태양계에 처음으로 진입하는 혜성의 도착을 끈기 있게 기다린 뒤, 엔진에 불을 붙이고 탐험을 시작할 계획이다.

5

달을 향한 지구인들의 도전이 시작되다

가까운 곳에서 지구의 밤을 비추는 달은
아주 오래전부터 우리의 호기심을 불러일으켰다.
특히 셀레나이트와 같은 달에 사는 생명체에 대한
환상은 늘 있었다. 인류는 그곳에 무엇이 있는지
직접 보고 싶은 욕구를 충족시키기 위해 달 탐사,
특히 아폴로 임무로 오랜 꿈을 실현했다.
무거운 우주복을 입고서 그 어떤 생명도 없는 춥고
적대적인 세계를 거니는 우주 비행사들의 생생한 이미지와
비디오가 생방송으로 전 세계인에게 공개되었다.

우주 탐사를 시작하다

우주 탐사의 두 가지 주요 목표는 먼저 천체 내에서 잠재적인 생명체를 찾아 조사를 거쳐 우주 현장에서 탐사하는 것과, 미래의 인간이 살 만한 식민지를 건설하는 것이다. 이 이야기는 2차 세계 대전 중반부터 시작된다.

1942년 10월 3일, 독일계 미국인 엔지니어인 베르너 폰 브라운은 최초의 탄도 미사일 'V2'를 성공적으로 발사했다. 폰 브라운은 2차 세계 대전이 끝날 무렵에 미국으로 돌아갔다. 그의 귀중한 기술은 사람을 달에 보낼 만큼 크고 강력한 로켓을 개발하는 것이 목표였던 미국을 우주 프로그램의 선두자리로 이끌었고, 그에 못지않게 유명한 새턴 V를 만들 수 있게 했다.

소련이 우주 경쟁을 주도했던 이 탐사의 시작 부분으로 돌아가 보자. 그들은 1957년 10월 4일, 지구 최초의 인공위성이 된 스푸트니크 1호를 발사했다. 지름 58cm, 무게 83kg로, 고도 230~950km에서 지구 한 바퀴를 97분 만에 돌았다. 스푸트니크 1호가 내는 "삐삐" 소리가 미국에게는 마치 '진주만' 공습과 같은 트라우마로 다가왔고, 이는 별 전쟁의 서막을 열었다.

소련은 한 달 후인 1957년 11월 3일에 스푸트니크 2호를 발사했다. 탐사선에 실린 개 '라이카'는 자신도 모르는 사이에 우주에 간 최초의 생명체가 되었다. 그런 다음 그들은 1959년에 3개의 탐사선인 루나 1호, 2호, 3호의 발사와 함께 달 우주 프로그램

의 시작으로 세 번째 이정표를 제시했다. 루나 1호는 달 착륙에는 실패했고, 루나 2호는 천체에 도달한 최초의 인간을 만들어냈고, 루나 3호는 달의 뒷면을 비행하여 이전에는 지구상의 어떤 생물도 볼 수 없었던 이미지를 지구로 보냈다. 루나 탐사선은 10년 조금 넘게 지속될 로봇과 인간 달 탐사의 기나긴 여정을 알렸다.

1961년 4월 12일에 최초의 우주인 유리 가가린, 1963년 6월 16일에는 최초의 여성 우주인 발렌티나 테레시코바를 우주로 보내면서 소련의 진격이 시작되었다.

달 탐사를 향해 달리자 소련 우주 탐사 프로그램의 성공에 대해 존 F. 케네디 미국 대통령은 1961년 5월 25일에 의회 연설에서 다음과 같이 말했다. "나는 우리나라가 지금부터 10년 안에 사람을 달에 착륙시킨 후 안전하게 지구로 돌려보내는 목표를 달성하는 데 전념해야 한다고 믿습니다."

같은 해에 소련은 달 기지 건설을 발표하기도 했다. 그리고 미국은 1962년 2월에 존 글렌이 지구 주위를 일주하는 최초의 유인 비행에 성공하면서 소련을 조금은 따라잡았다. 그러나 소련은 1966년, 달에 첫 번째 탐사선 루나 9호를 착륙시키고, 달 표면과 근접한 사진을 찍는 데 성공했다. 달을 향한 이 경주는 1968년에

유리 가가린

1934~1968

소련 우주 프로그램 보스토크 1호 임무의 목적으로 우주를 비행한 최초의 인간(1961년). 전투기 미그 15호 추락 사고로 34세에 사망했다.

발렌티나 테레시코바

1937~

보스토크 6호(1963년)를 타고 홀로 우주를 비행한 최초의 여성. 그것은 우주 탐사에서 미국을 상대로 소련의 우위를 보여 주던 보스토크 프로그램의 마지막 모습이었다.

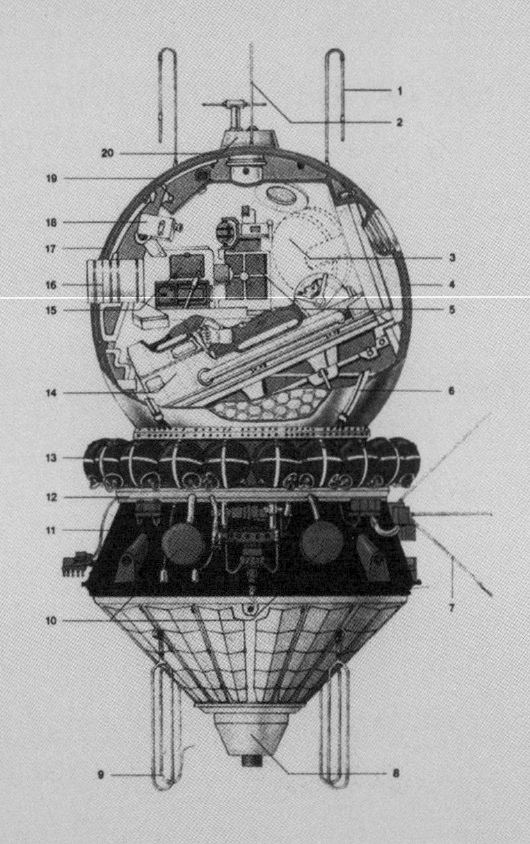

마침내 미국 아폴로 8호가 3명의 우주 비행사를 태우고 달 주위를 돌며 달 표면을 탐사하면서 전환점을 맞았다. 인간은 처음으로 달 위를 날아다니며 직접 그 숨겨진 면을 보게 된 것이다.

잠시 멈춰 서서 몇 가지 보이지 않는 사실들을 돌아보자. 지름 3,500km인 우리의 위성 달은 지구에서 평균 384,400km 떨어진 곳에 있다. 지구에서 즉각적으로 상황 분석이 가능한 메시지가 왕복하는 데 2.4초가 걸리며, 지구에서 달까지 여행 기간은 현재 추진력으로는 3~4일이 필요하다. 달은 29.5일 동안 지구 주위를 돌면서 우리 하늘에서 움직이지만, 지구에 있는 우리는 늘 달의 같은 면을 본다. 반대로 달에서 보면 지구는 항상 같은 위치에 있지만 우리는 지구가 자전하는 것을 알고 있다.

달은 지구와 달리 대기가 없으므로 침식이 일어나지 않는다. 따라서 달에는 운석 충돌의 흔적이 그대로 남아 있다. 지구에서는 어떤 흔적도 수천만 년 후면 사라지는 것과는 대조적이다. 따라서 달의 풍경은 지구보다 훨씬 덜 다양하며 지구보다 오래 지속되는 일몰 풍경 역시 밋밋하다. 아폴로 8호의 우주 비행사들도 2주 동안 몇 번의 궤도를 돌고 난 후 이 풍경에 금방 질려 버렸다는 사실을 인정했다.

달 탐사는 1969년 7월 21일에 절정에 달했다. 미국인들은 아폴로 11호 임무를 통해 두 명의 우주 비행사 닐 A. 암스트롱과 에드윈 버즈 올드린을 태운 달 탐사선을 달에 착륙시키는 데 성공했으며, 동시에 (거의 하루 동안!) 마이클 콜린스는 탐사선 안에서 그 주위를 돌고 있었다. 소련 탐사선 루나 15호가 달 표면에 추락한 것과 같은 시기이자, 탄도 로켓이 발사된 지 27년, 인공위성이 성공한 지 겨우 12년 만에, 40만 명의 미국인이 참여한 아폴로 프로젝트로 인간은 달 위를 걷게 되었다. "인간에게는 작은 발걸음이지만, 인류에게는 거대한 도약이다."(닐 암스트롱이 남긴 명언)

소련 탐사선 루나 15호가 달 표면에 추락한 것과 같은 시기이자, 탄도 로켓이 발사된 지 27년, 인공위성이 성공한 지 겨우 12년 만에, 40만 명의 미국인이 참여한 아폴로 프로젝트로 인간은 달 위를 걷게 되었다.

같은 해에 아폴로 12호는 서베이어 3호 바로 옆에 착륙해 정밀 착륙 능력을 과시했다.

무중력 세계에서 펼쳐진 미국-소련 우주 전쟁

보편적으로 알려진 아폴로의 역사적 사건은 여러 차례 언급되어 왔지만, 이 책의 목적은 그것을 다시 이야기하는 것이 아니다. 그러나 달로 가는 여정에서 제대로 그 진가를 평가받지 않은 사실들은 기록할 가치가 있다.

달 착륙은 궁극적으로는 미국-소련의 공동 임무일 수 있다는 사실이다. 케네디 대통령은 1961년 5월 25일에 역사적인 연설을 한 후, 달을 향한 모험에 소련(당시 우주선을 우주로 보낼 수 있는 유일한

국가)과 완벽한 파트너로 함께할 가능성을 모색했다. 두 초강대국 사이에 과학 및 기술 협력의 실질적인 발판을 마련하면서 달 프로그램을 경쟁에서 국제 협력으로 완전히 전환하고자 한 것이다. 케네디는 1961년 6월, 처음이자 유일하게 열린 소련과의 정상회담에서 니키타 흐루쇼프에게 이 아이디어를 제안했다. 그러나 핵 실험 중단 관련 조약, 그리고 1961년과 1962년에 미국과 소련 사이에 있었던 일련의 갈등(베를린 장벽 건설, 쿠바 미사일 위기 등) 같은 중요한 협상 쟁점으로 논의는 교착 상태에 빠졌다.

1963년 9월, 냉전 관계가 풀어지자 케네디는 유엔 연설에서 소련이 미국과 협력할 것을 촉구하고, 단일 국가가 아닌 모든 국가 출신의 과학자를 보내는 공동 달 탐사의 비전을 제시했다. "우주는 주권의 문제가 전혀 없다."

흐루쇼프가 이 생각이 매력적이라고 생각하던 차에, 1963년 11월 22일에 케네디가 암살당하면서 이러한 가능성은 마침표를 찍게 된다. 결국 미국만이 달을 향한 경주에서 승리한 것이다.

한편, 1970년에 루나 16호는 달 토양 샘플을 회수했으며, 같은 해에 로봇 탐사선 루노호트 1호가 322일 동안 표면을 탐험했다.

같은 기간, 미국은 아폴로 프로그램을 계속 진행하고 있었다. 1971년, 아폴로 15호 임무에 나선 우주 비행사들은 달 표면에서 탐사선을 조종했다. 아폴로 16호는 달의 고지대에 착륙한 첫 번째 탐사선이다. 여섯 번의 성공적인 달 탐사(아폴

50년이 지난 지금, 미국은 인간을 달에 착륙시키고 무사히 지구로 데려오는 데 성공한 유일한 국가가 되었다!

로 11호, 1969년 7월부터 1972년 12월까지 12일, 14일, 15일, 16일, 17일)를 마치고, 현장에서 과학 실험을 하고서 362kg의 달 암석을 실어 온 이후, 닉슨 대통령은 여러 가지 이유로 달 탐사 계획을 중단하기로 했다. 예산도 중요한 문제였지만, 이미 미국이 경쟁에서 이겼다는 정치적인 이유도 있었다.

소련은 조금 더 오래 프로그램을 진행했다. 1973년에 루노호트 2호가 루노호트 1호보다 더 먼 거리를 4개월에 걸쳐 탐사했다. 미국이 중단 결정을 하고 4년 후인 1976년, 소련도 달 탐사선 루나 24호를 성공적으로 달에 착륙시키고 샘플을 회수해 오면서 달 탐사 프로그램을 중단했다. 그 결과 50년이 지난 지금, 미국은 인간을 달에 착륙시키고 무사히 지구로 데려오는 데 성공한 유일한 국가가 되었다!

ISS, 최초의 국제 우주 협력

이후 수십 년 동안 달 탐사에 관한 관심이 줄어들었고 미국인들은 지구 저궤도, 특히 국제 우주 정거장(ISS)에 대한 유인 임무에 집중했다. 고도 400km에 있는 이 정거장은 탈냉전 시대의 상징인 미국, 러시아, 일본, 유럽 및 캐나다 우주국이 한자리에 모인 최초

의 대규모 국제 협력체이다. 1998년에 첫 번째 부품 조립 이후로 2024년까지 지구 궤도에 우주인을 머물게 할 예정이며, 이것의 목표는 무중력 상태에서 실험을 수행하는 것뿐만 아니라 행성 간 항해(이를테면 화성)를 위한 더욱 치밀하고 효율적인 시스템을 준비하는 것이다. 우주인이 무중력 상태에서 보낸 날을 모두 계산하면 단연 러시아인이 압도적이다. 궤도에서 879일!

ISS 이전에는 소련 우주정거장 MIR(러시아어로 '평화')가 지구 주위를 도는 궤도에 있었고, 2001년에 귀환이 예정되어 있었지만 1986년 초에 지구 대기에서 불에 타고 말았다.

달 탐사는 유인 임무 없이 동일하게 계속된다. 탐사선 클레멘타인(NASA, 1994년 발사)과 루나 프로스펙터(NASA, 1998년 발사)는 인도의 탐사선 찬드라얀(ISRO, 2009년 발사)이 확인한 달의 극지방 분화구 바닥에서 얼음의 존재를 감지한다.

2009년에는 탐사선 LCROSS/LRO(NASA, 2009년 발사)가 달 표면에 충돌하고, 이 통제된 충돌 시간 동안 물기둥을 상승시켜 처음으로 달 표면에서 그 비율을 측정할 수 있었다. 달의 토양은 질량 기준으로 0.1%의 물을 함유하고 있음이 밝혀졌으며, 아마도 운석과 혜성의 반복적인 충돌 때문으로 보인다. 2004년에 미국은 컨스텔레이션 프로그램의 목적으로 2020년까지 유인 우주선을 달에 보내는 것을 다시 고려했지만 2010년에 결국 포기했다.

달의 뒷면까지 닿다 1969년 7월 20일, 두 명의 인간을 달에 착륙시킨 달 탐사선의 성공 이후 50년 동안 인간이 가지 않았던 우리의 위성은 오늘날 다시 주요 우주 강국의 관심을 받으면서 그 중심에 서게 되었다. 2003년, 최초의 유인 우주선 '선저우'를 보낸 이후 수십억 달러를 투자하여 우주에서 세 번째 초강대국이 된 중국은 현재 CNSA(중국국가우주국)에서 CLEP 프로그램(중국 달 탐사 프로그램)을 수행하고 있다. 중국은 2025~30년까지 유인 우주 임무를 보내기 전에, 로봇이 달을 연구하고 탐사하는 것이 목적인 이 프로그램을 통해 궤도 궤적 제어, 자세 제어, 장거리 통신 등 우주 비행 분야에서 필요한 기술을 습득할 수 있다.

2007년부터 중국의 장정 로켓은 3개의 창어(달의 여신) 우주 탐사선을 발사했다. 2007년에 발사된 창어 1호는 달의 특정 지역을 3D로 지도화하고 모델링했다. 2010년에 발사된 창어 2호는 달 궤도에서 2년을 보낸 뒤, 2012년에 지구 근처를 돌고 있는 소행성 토타티스와의 만남 궤도에 배치되었다. 창어 3호는 1976년에 소련 탐사선 루나 24호가 마지막으로 통제 착륙한 지 37년 만인 2013년에 달에 착륙했다. 창어 3호는 31개월 동안 활동하면서 주변 3km² 면적의 달 표면을 배회하는 140kg의 소형 착륙선 위투(옥토끼)를 배치한다. 달 표면에서 발견되는 광물 자원을 연구하는 임무를 맡은 착륙선은 달의 극한 온도 차(밤에는 -170도에서 낮에는

창어 4호는 새로운 이정표를 세웠다. 2018년 12월 8일에 발사된 이 중국 로켓은 2019년 1월 2일부터 3일까지 우주 복사, 태양풍과 달의 뒷면 사이의 상호 작용, 내부 구조 및 달 온도의 변화를 연구할 탐사선을 태운 채로 달 뒷면에 착륙한다.

130도까지 14일간 지속)에 굴복했다.

창어 4호는 새로운 이정표를 세웠다. 2018년 12월 8일에 발사된 이 중국 로켓은 2019년 1월 2일부터 3일까지 우주 복사, 태양풍과 달의 뒷면 사이의 상호 작용, 내부 구조 및 달 온도의 변화를 연구할 탐사선을 태운 채로 달 뒷면에 착륙한다. 달의 보이는 면에는 이미 미국과 러시아가 여러 번 착륙했으므로, 다른 탐사선이 숨겨진 면을 비행한다면 이것은 최초이자 진정한 기술의 위업이었다. 러시아인이 1959년에 처음으로 달의 뒷면을 사진에 담았지만, 우주선이 그곳에 착륙한 적은 한 번도 없었다. 달의 숨겨진 면으로 착륙하는 데는 두 가지 어려움이 있다. 뒷면은 더 큰 유석의 폭격을 받기 때문에 보이는 앞쪽보다 훨씬 더 뚜렷한 분화구의 형태를 띠고 있다. 그리고 우주선이 뒷면에 있을 때 지구와 직접 통신하는 것은 불가능하다. 따라서 달에서 65,000km 떨어진 달 궤도에 몇 달 앞서 배치된 추가 탐사선을 사용하여 착륙선과 지구 간의 통신 중계 역할을 해야 했다.

6

다시
달 마을로!

이렇게 달은 다시 한번

주요 우주 기관의 의제로 선택되었다.

그리고 알면 알수록 우리는 더 분명한 사실을 깨닫는다.

인류가 달을 다시 꿈꾸는 것은 실질적으로

식민지화를 위한 것보다는,

우리 태양계 탐사를 가능하게 만들기 위한 전초기지로서,

척박한 우주에 인간의 존재를

확립하고자 하는 시도이다.

달에 기지를 세우자 현재 달 탐사 1위 국가인 중국은 네 번의 임무 성공에 그치지 않고, 창어 5호를 시험 발사체로 개조해 수 kg의 석회암과 광석 샘플을 채취해서 연구를 계속한다. 창어 6호 발사는 2023~24년으로 예정되어 있으며 프랑스 과학 장비를 탑재하고 있다. 2018년 11월, 중국은 최초의 대형 우주 정거장('톈궁'이라고도 함)의 모사품을 공개하며 ISS(국제우주정거장)의 자리를 대체할 것을 예고했다.

이와 동시에 무거운 짐을 실을 수 있는 로켓을 개발해서 2025~30년까지 유인 우주 비행을 성공시킨 다음, '타이코넛'(중국에서 자국 우주 비행사를 칭하는 말)을 달에 보낼 예정이다. 로봇을 화성에 착륙시켜 화성 토양 샘플을 채취할 계획에 앞서서 말이다. 현재 중국이 달 탐사에 매진하는 명백한 이유 중 하나는 달에서 탐색하고 채굴하는 것들이 분명 과학적으로 활용할 수 있는 흥미로운 영역이기 때문이다.

우주 강국인 인도도 자체 우주 의제를 가지고 있다. ISRO(인도우주연구소)는 2019년에 대형 발사체 GSLV-Mark III에 두 번째 달 탐사선 찬드리얀 2호를 실어 발사했다. 착륙선과 탐사선을 달 남극에 보내—우주 비행사 3명(가가니안 프로그램)도 포함해—2025년에는 자체 우주 정거장을 조립하고자 한다. 러시아도 복귀를 희망한다. 2040년까지 달 기지를 건설하기 위해 루나 25호를 몇 년 안에 달에 착륙시킬 예정이다. 이스라엘은 마침내 2019년

2월 21일, 민간 자금으로 만든 최초의 우주선인 베레시트를 발사했다. 그러나 이 우주선은 달에 도착하자마자 추락하여 이스라엘은 이 임무에 성공한 유일한 3개국(러시아, 미국, 중국)의 폐쇄적인 클럽에 가입하지 못했다.

미국인들도 2024년까지 아르테미스 프로그램을 통해 달로 돌아갈 계획을 세웠는데, NASA가 2019년에 발표한 주요 노선은 달 남극에 로켓을 착륙시키고 여성을 포함한 우주 비행사를 보내는 것이다. 이 프로그램은 인간을 화성에 보내기 전에 민간 기업이 달에서 경제활동을 시작하여 달 토양에 인간이 살 수 있는 기반을 마련하기 위한 것이다. 이 프로그램을 수행하기 위해 NASA는 다양한 보완 요소를 실현해야 한다.

우선 달, 그리고 나중에 화성 또는 소행성까지 유인 임무를 수행하는 데 필요한 모든 과학 및 기술 장비를 운송할 수 있는 차세대 로켓이 필요하다. 그 대안은 스페이스X에서 개발한 팰컨 헤비 로켓을 사용하는 것이다. 그런 다음 이 발사체를 오리온 우주선(NASA와 ESA가 개발한 Orion MPCV)으로 완성해야 한다.

아르테미스 프로그램의 중요한 요소 중 하나는 달 주위를 도는 우주 정거장 '루나 게이트웨이'로, ISS를 유인 우주 비행의 다음 단계로 삼고, 실제 달 표면 진입로에 주거 모듈과 연구소 및 오리온 캡슐과 달 이송 모듈의 고정 지점을 확보하는 것이다. 루나 게이트웨이는 자체 추진 시스템을 사용해 궤도를 변경하여 달 표면 전체에 착륙할 수 있다. 여기에 달에 착륙하는 착륙선, 달을 떠나 루나 게이트웨이에 도달할 수 있는 이륙 탐사선, 낮은 달 궤도와 루나 게이트웨이 궤도 사이를 왕복하는 우주 비행사를 위한 전송 탐사선이 추가되었다. 달 탐사선도 빼놓을 수 없다!

NASA는 상업용 달 착륙선 CLPS 프로그램에 따라 우선 아스트로보틱 테크놀로지, 인튜이티브 머신스, 오빗 비욘드 또는 록히드 마틴과 같은 민간 회사로부터 3개의 아주 작은 로봇 착륙선을 구입하여 2주간의 짧은 임무를 위해 달에 착륙할 예정이다. 남극의 용암 평원은 분화구보다 덜 위험하기 때문에 착륙선 하나를 보낼 것이다. 스페이스 X, 록히드 마틴 또는 블루 오리진과 같은 민간 회사는 사람 뿐만 아니라 과학 기기와 장비(자율 로버, 시추 장비 등)를 운송할 수 있다.

순수한 과학적 연구 외에도 NASA는 달을 화성 임무를 위한 훈련장으로 삼고 달 자원을 연구하여 지구 위성에 인간이 계속 존재할 수 있도록 하려 한다. 이를 위해 NASA는 2022년에 소형 로봇 바이퍼를 보내 로켓 연료이자 정착민들의 물로 사용될 달 극지방 얼음의 양을 계산해 볼 계획이다.

마지막으로 유럽도 이 우주 경쟁에 빠지지 않으려고 한다. 유럽우주국(ESA)은 2018년 말에 NASA의 오리온 캡슐을 장착하는 최초의 유럽서비스모듈(ESM)을 제공했다. 이 모듈은 추진 장치를 수용하고 태양 전지판으로 전기를 생성해서 우주 비행사에게 산소와 에너지를 제공하는 기본 장치이다. 유럽 우주국은 자체 프로젝트 외에도 NASA의 달 궤도 정거장(루나 게이트웨이) 건설에도 참여하고 있으며, 우주 비행사를 그곳에 보내기 전인 2025년까지 달 탐사 임무의 타당성을 연구하고 있다. 이 임무에는 발사체(8.5톤을 운반할 수 있는 아리안 6), 달 착륙 장치 및 달 로봇이 포함된다. 목표는 물류 운송뿐만 아니라 달 토양의 자원 개발 가능성을 입증하는 것이다.

이처럼 달에 대한 새로운 우주 경쟁은 다시 시작되었다! 새로운 달 비즈니스 모델은 국가 우주 기관과 우주에 대한 야망을 가진 소수의 민간 기업 간의 협력에서 탄생했다. 민간 기업으로는 화성에 관심이 있는 스페이스 X, 우주 관광 분야의 버진갤럭틱 그리고 유인 우주 비행을 꿈꾸는 블루오리진이 있다. 이들 회사의 목표는 선견지명이 있는 경영진과 언론사들에게 운송 서비스를 판매하는 것이다. 서비스를 사용하는 고객들은 달에 통신 기술이나 우주 기관에서 제작한 과학 장비, 심지어 장례식 항아리까지 보관하기 위해 달 모듈에 자리를 구매했다. 새로운 달 사업에서는 이 모든 것이 가능하다! 이 프로그램의 목적은 인간을 화성에 보내기 전에 민간 기업이 달 표면에 인간이 살 수 있는 토대를 마련하는 것이다.

달에 대한 새로운 우주 경쟁은 다시 시작되었다! 새로운 달 비즈니스 모델은 국가 우주 기관과 우주에 대한 야망을 가진 소수의 민간 기업 간의 협력에서 탄생했다.

영구적인 식민지를 세우자, 문 빌리지

얀 뵈르너가 2015년에 발표한 '문 빌리지(Moon Village)'는 여러 우주 기관의 공동 프로젝트다. 비영리 단체인 국제달연구협회가 관리하는 국제 협업 플랫폼으로, 달을 식민지화하는 프로젝트를 수행한다. 이 프로젝트는 달 남극과 지구 사이의 공간에 기반 시설을 배치하여, 가까운 미래인 2030년까지 달의 극지방에 영구적으로 인간(또는 로봇!)을 살게 해서 달을 식민지화한다는 것이다.

왜 극지방일까? 극지방에는 두 가지 장점이 있다. 첫째, 극지방 분화구에 얼음 형태의 물이 포함되어 있어서 지구에서 힘들게 가져올 필요 없이 땅에서 추출하는 것으로 충분하다. 둘째, 양 극지방 모두에서 태양광 패널에 영구적인 햇빛을 제공할 수 있다. 그러면 에너지 문제가 해결된다. 극지방이 아닌 다른 곳에서는 밤이 2주 동안 지속되어 불가능하다.

문 빌리지 건설에는 협력 및 국제 마케팅을 목표로 국가 및 우주 기관뿐만 아니라 공공 및 민간 투자자, 과학자, 엔지니어와 기업가가 뛰어들고 있고, 이와 관련해 상상 가능한 모든 활동을 생각할 수 있다. 이를테면 로봇·우주 비행사 및 통신 위성 보내기, 정착지를 3D로 인쇄하기, 물자 공급 스테이션 설치하기, 천문대 건설하기, 자원 채굴 또는 우주 관광 등이 있다.

이와 같은 일들이 이뤄진다면 장기적인 측면에서 한계 없는 발전을 이루게 될 것이다. 달이 다시 매력적인 연구 대상으로 떠오른 이유는 더 자세히 알고자 하는 과학적 필요성 때문만이 아니라, 화성과 다른 행성, 나아가 태양계 소행성에 대한 미래의 임무를 준비하기 위해서다.

마지막으로, 달은 미래의 우주여행에도 유용하며 행성 간 임무를 위한 훌륭한 출발점이 된다. 문 빌리지는 여러 국가 간의 조정을 통해 화성에 유사한 마을을 설립하는 데 필요한 달에 대한 전문 지식과 방법을 개발할 것이다. 미국, 러시아, 일본, 중국을 비롯한 여러 국가에서 이미 관심을 보였다.

그러나 언뜻 보기에 달을 실제로 식민지화하는 것은 어려워 보인다. 대기가 없는 곳의 온도는 어두운 부분에서 -150도, 태양이 닿는 부분에서 120도 사이이다. 액체 물의 흔적은 없다. 그러나 얼음물의 존재와 지구와 유사한 토양 구성은 여전히 고려해야 할 흥미로운 요소이다. 또한 달에도 화산 활동은 존재했지만 약 30억 년 전에 중단되었다. 그리고 달에서의 생활에 불편한 점은 항상 우주선 선실에서 생활해야 하고, 상하가 연결된 우주복을 입고 외출해야 한다는 것이다.

달에서 가장 큰 위험 요소는 태양으로부터 오는 우주 광선이다. 지구에서는 대부분 자기권에 의해

달이 다시 매력적인 연구 대상으로 떠오른 이유는 더 자세히 알고자 하는 과학적 필요성 때문만이 아니라, 화성과 다른 행성, 나아가 태양계 소행성에 대한 미래의 임무를 준비하기 위해서다.

차단되지만, 자기장이 없는 달에서는 그대로 표면에 도달한다. 유성 역시 지구의 경우 대기권에서 대부분 소멸하지만 달에서는 전부 표면으로 떨어진다. 대기가 없으니까!

따라서 우주 비행사는 달 표면에 도착하자마자 우주선과 운석으로부터 보호받을 돔 구조를 설계해야 한다. 이 구조의 기초는 지구에서 가져온 재료로 만든다. 그러면 지표면에 다량으로 존재하는 달의 흙이 금속, 광물 및 얼음과 결합하여 돌과 같은 단단한 물질을 형성할 수 있다. 이렇게 하면 최소한의 재료만 가져오면 되기 때문에 우주로 보내는 운송 비용을 줄일 수 있다. 이 물질의 층을 팽창식 돔 위에 올려 우주 비행사를 위한 보호 선체를 만들면 된다. 대부분의 프로젝트는 로봇 3D 프린터를 사용하여 달 기지를 건설하는 것이고, 일부는 가볍고 튼튼한 뼈를 사용할 것을 제안할 수도 있다. NASA는 최근 새로운 우주 기술 연구소 두 곳에 달(당시 화성)에 정착했을 때 극한의 조건에도 견딜 수 있는 지능형 자율 주택의 개발을 맡겼다.

그럼 뭐부터 해야 할까? 달에 영구적인 인간 공동체를 설립하는 것은 로봇의 도움이 있다면 충분히 상상해 볼 수 있다. 극지 분화구 바닥에서 얼음 형태로 존재하는 물을 추출하면 전기 분해를 통해 수소와 산소, 즉 숨 쉴 공기, 마실 물, 달 기지에 공급할 연료를 생성하는 것이 가능해진다. 또, 태양계를 탐사할 탐사선의 엔진에 공급할 수 있는 깨끗한 핵에너지인 헬륨-3도 만들 수 있다.

따라서 행성 간 탐사 임무에는 장기 탐사에 필요한 세 가지 요소인 물, 산소 및 연료를 지구에서 운송할 필요가 없을 만큼 확보하는 것이 중요하다. 달 표면에 존재하는 광물을 직접 채굴하게 된다면, 이것은 잠재적으로 매우 수익성이 높다!

또한 달은 지구보다 적은 비용으로 화성 같은 행성을 향해 로켓을 발사하는 기지가 되기에 이상적인 위치다. 달의 중력은 지구보다 약해서 우주 탐사에 있어 진정한 도약대가 될 것이며, 식민지 개척에 필요한 광물과 에너지 자원을 제공하는 미래의 우주 정거장이 될 수 있다. 동시에 태양계에서 행성 간 비행이 시작되는 장소가 되어 줄 것이다.

아폴로 17호부터 오늘날까지

"나는 달 표면에서 인류의 마지막 발걸음을 뗐고, 다시 돌아올 그날을 기다린다. 그러나 그날이 너무 오랜 후가 되지는 않을 거라 믿는다. 역사가 기억해야 할 것들에 대해 간단히 말하고 싶다. 오늘 미국의 도전이 인류의 미래 운명을 결정지었다. 우리는 처음 이곳에 왔을 때처럼 타우루스-리트로우에서 떠난다. 그리고 신의 뜻대로 우리가 이곳에 돌아올 때는 온 인류를 위한 평화와 희망을 담아 돌아올 것이다. 아폴로 17호 대원들, 행운을 빈다."

이 이야기는 1972년 12월 14일, 아폴로 17호 우주 비행사인 유진 서난이 첫 번째 달 착륙을 성공적으로 마치고 약 3년 동안 (조난 위험에 처한 아폴로 13호의 우주 비행사들을 건강하고 안전하게 구조한 것뿐만 아니라) 여섯 번의 성공적인 탐사 임무 중에 했던 말로, 위성에 더는 사람을 보내지 않는 현재에도 깊은 여운을 남긴다.

1960년대 말부터 인류는 아폴로 탐사 임무로 우주의 식민지화가 시작될 것이며 절대 멈추지 않을 것이라 믿었다. 그 당시에 지구에서 400km 떨어진 궤도 정거장 너머로 아무도 가지 않는 50년의 공백이 올 것을 누가 예측할 수 있었을까? 물론 태양계 탐사는 멈추지 않았다. 행성, 위성, 고리, 소행성, 혜성 탐사가 계속되었다. 그러나 그것은 인간 없이 로봇으로 이루어졌다. 그리고 고도 수백 km에서 수만 km 사이에서 지구 주위를 도는 많은 인공위성을 통해 이미 지구와 가까운 우주를 식민지화하기 시작했음을 잊지 말자.

여러 나라가 자신들의 우주 파괴 능력을 과시하고자 미사일에 탄도 무기를 장착했다. 이는 단지 기술 활용을 넘어 우주 강국들이 다른 나라들보다 우월하다는 것을 증명하거나 적어도 스스로 확신하고자 한 것으로, 실용성은 고려하지 않았음을 알 수 있다. 왜냐하면, 각 미사일이 파괴될 때마다 지구 궤도를 도는 우주 쓰레기

냉전 기간에 미국과 소련 사이의 달 착륙 경주가 영광과 힘의 상징이었다면, 오늘날 달은 새로운 머나먼 우주를 향한 경제적 연결고리가 되었다.

가 급격히 증가할 뿐만 아니라 운행 중인 다른 위성 또는 우주 정거장과 충돌할 위험이 있기 때문이다.

과학자들을 포함하여 많은 사람이 인간에 의한 달 탐사는 별로 도움이 되지 않으며, 우리가 요구하는 바를 정확히 수행하는 더 저렴하고 덜 위험한 로봇을 보내는 것에 찬성하는 목소리를 높이고 있다. 오늘날 많은 과학자는 우주 정거장을 세우는 게 달에 다녀오는 것만큼이나 비용이 많이 들고 유용하지 않다고 생각한다.

그러나 한편으로는 냉전 기간에 미국과 소련 사이의 달 착륙 경주가 영광과 힘의 상징이었다면, 오늘날 달은 새로운 머나먼 우주를 향한 경제적 연결고리가 되었다. 그렇기에 달은 여전히 꿈의 천체다. 미래 인류가 언젠가 달과 같은 위성이나 화성과 같은 행성에서 영원히 살 수 있다면, 진정한 의미의 태양계 탐험가로 거듭날 것이다!

7

지구인은 미래의 화성인이 될 수 있을까?

붉은 행성, 화성은 어떨까?

인간이 보낸 탐사선이 이 행성을 그토록 많이 방문하고

탐사한 만큼, 우리가 희망을 갖는 것은 당연하다.

그러나 급속한 기술 발전에도 여전히

화성에 정착하는 것을 반대하는 사람들이 있다.

그 이유로는 화성까지의 길고 위험한 여정과 매우 희박한 대기,

우주 방사선에 대한 보호가 없다는 것 등이 있다.

이쯤에서 이런 질문을 생각할 수 있다.

화성에서 인류가 번성하는 것이 정말로 가능할까?

지구에서 화성까지 가는 길

궁극적으로 화성에 정착하는 것을 고려하기 전에, 명백한 사실을 인정해야 한다. 바로 이 목적지까지의 여정이 쉽지 않다는 것이다. 지구에서 화성으로 이동하는 데는 오랜 시간이 걸릴 뿐만 아니라, 위험하기도 하다.

그렇다, 긴 여정이다. 6~8개월간의 우주여행은 미르 우주 정거장에 오래 머물렀던 우주 비행사 또는 국제 우주 정거장인 ISS에 머물렀던 우주 비행사들이 증명하듯, 인체에 적지 않은 영향을 미친다. 심각한 근 손실과 골다공증을 피하기 위해 그들은 매일 최소 8시간 동안 운동을 해야 한다! 또 우주에서 오는 광선은 우리 몸에 위험할 수 있다. 이 에너지 입자는 태양에서 뿜어져 나오는데, 우리가 지구에서 살 수 있는 것은 지구를 둘러싸고 있는 방사선 벨트 덕분이다. 이 두 가지의 주된 장애 요소 외에도 우주선과 지구 사이에 통신하는 전파 속도가 제한되는데다가 이동 시간이 꾸준히 증가할 수 있다 보니, 고립된 환경에서 발생할 수 있는 심리적 어려움도 고려해야 한다.

좋아, 일단 우리는 화성에 도착했다!

일단 화성에 도착한다 해도 그곳에서 살아남기란 역시 쉽지 않다. 실제로 화성의 조건은 지구와는 매우 다르다. 중력이 약하고, 기압이 낮고, 춥고, 특히 전혀 호흡할 수 없는 대기를 가지고 있다! 게다가 화성 표면이 우주의 광선을 걸러내기에는 자기장이 너무 약하며, 액체 상태의 물이 없고, 행성 전체에 모래 폭풍을 동반한 강한 바람까지 부는 환경에서 살아남기란 어렵다는 것을 확신할 수 있다!

화성을 식민지화하는 것이 현실적으로 가능할까?

확실히 기술적으로 어렵지만 불가능하지는 않을 것이다. 여기에는 두 가지 가능성이 있다.

첫 번째 가능성은 로봇 시추기를 먼저 보내는 것이다. 태양광 패널을 통해 에너지를 회수할 수 있는 화성 기지를 설치하고, 화성 지하에 구멍을 뚫어 물을 회수하고 추출하며, 돔 구조물에 인공 대기를 조성한 다음 자외선으로부터 보호되는 온실에서 경작 가능한 농업을 개발한다. 그런 다음에 초기 정착민들, 그다음에는 전체 정착민들이 화성에 도착해 공기 조절 장치가 설치된 공간에서 호흡할 수 있는 충분한 공기와 난방, 물을 제공받으며, 식물을 재배하고 동물을 키울 수 있는 실내 공간에서 살 수 있다는 것이다.

두 번째 가능성은 더 과감해지는데, 인간이 거주할 수 있을 때까지 화성의 자연적 특성을 천천히 변화시키는 것으로, 두 단계로 진행된다. 첫 번째, 인간 크기의 포유류의 생존에 필요한 120hPa

화성에서 머무르는 데 필요한 9가지

1. 중력

화성은 작고 질량이 적은 행성이므로 중력이 약하다. 지구 중력의 38%에 불과하다. 지구의 중력을 안고 사는 것에 익숙한 인간은 약한 중력에서 오래 살면 근 손실, 무기질 감소, 골다공증 등 인체에 나쁜 영향을 받는다.

2. 압력

화성의 대기는 매우 희박하며 지면에 가해지는 압력도 지구 대기압의 0.6%에 불과할 정도로 약하다. 이는 고도 50km, 즉 비행기가 뜨는 높이의 약 5배 더 높은 곳에서 지구에 가해지는 압력에 해당한다!

3. 대기

화성의 대기는 이산화탄소 95%, 산소 0.1% 그리고 0.021%의 수증기(화성 전체에 분포하는 12마이크론의 물 층에 해당한다)로 구성되어 있다. 그러므로 그곳의 공기는 인간은 물론 모든 식물과 육상 동물에게 절대적으로 유독하다.

4. 온도

화성의 평균 기온은 -63도이며, 극지방은 겨울에 -140도이고, 적도 부근은 여름에 0도 사이이다. 지구는 평균 기온이 15도이며, -60도에서 50도 사이이다. 화성은 태양과 더 멀리 떨어져 있고 온실 효과가 거의 없으므로, 남극 대륙의 추위에 가까울 만큼 춥다. 화성은 지구처럼 계절이 있고, 화성의 1년은 지구의 1.8년에 해당한다.

5. 우주 광선

우주 광선은 화성의 토양을 끊임없이 공격한다. 화성의 자기장은 매우 약하기 때문에 이러한 치명적인 광선으로부터 행성을 보호할 수 있는 방사선 벨트가 생성되지 않는다. 방사선 벨트로 보호되는 지구에서는 가장 에너지가 넘치는 우주선만이 표면에 도달하여 생명체의 변이와 유전적 돌연변이를 일으킨다. 보호가 전혀 없는 행성에서 어떤 일이 일어날지 상상해 보자.

6. 자외선

태양의 자외선은 화성의 대기로는 차단되지 않는다. 자외선은 오늘날 지표면에 생명체가 출현하는 것을 막고, 그곳에 정착하고자 하는 인간에게 빠르게 피부암을 일으킬 것이다.

7. 물

화성 극지방 만년설에는 얼음 형태의 물이 있다. 화성의 지하에도 있을 것이다. 반면 화성에는 액체 상태의 물이 없으므로 화성에서 식물을 재배하는 것은 불가능하지는 않지만 어렵다. 밀폐된 온실, 자외선 차단, 관개 시설이 없다면 일반적인 농업이 발달하는 것 역시 어렵다.

8. 바람

땅에 기복이 없고 대기 밀도가 낮아서 바람은 늘 강한 편이며(최고 100km/h!) 공기 역시 매우 빠르게 움직인다. 게다가 이러한 강한 바람은 가차 없이 먼지를 축적해 태양 전지 패널을 정기적으로 청소해야만 화성 탐사선의 수명을 연장할 수 있다. 지형에 기복이 적은데다가 강한 바람이 불어서 화성 토양 전체를 덮을 수 있는 모래 폭풍이 일어나며, 이것은 당연히 미래 정착민들에게 온난화 문제와 태양광 패널 작동에도 영향을 준다.

9. 거리

지구는 멀리 떨어져 있다. 빛이 화성에서 지구로 이동하는 데 3분에서 22분이 걸린다(가장 가까운 곳은 6천만 km, 가장 먼 곳은 4억 km로 거리가 다르다). 따라서 지구인과 화성인 사이에서 "안녕하세요!"라고 말을 건네는 데 6분에서 44분이 소요된다. 화성에서 지구는 하늘의 작은 발광점 정도로 보인다. 아폴로 8호 때 인류는 역사상 처음으로 먼 곳에서 지구를 보고서 바다로 가득 찬 이 푸른 행성을 달 분화구의 춥고 건조한 사막과 비교했다. 지구가 화성에서 볼 때 하늘에 떠 있는 희미한 작은 정도라면 인간에게 어떤 영향을 미칠까? 지구를 그렇게 멀리서 보면 화성의 하늘에서 잃어버린 작은 빛 한 점으로 보일까?

이 모든 것은 그다지 흥미롭지만은 않다. 화성 땅에 막 도착한 식민지 정착민들의 유일한 위안은 경치가 훌륭하고 무제한 도보여행을 즐길 수 있다는 것이다. 예를 들어 화성에는 태양계에서 최고 고도 기록을 보유하고 있는 화산이 있다. 올림푸스 몬스는 27,000m로(히말라야 높이의 3배), 극한 등반가들을 꿈꾸게 만든다. 그리고 그들은 지구의 24시간과 거의 같은 24시간 39분이라는 화성의 하루 길이에 방해받지 않을 것이다.

의 산소 부분압에 도달하기 위해 대기압과 지표면 온도를 인위적으로 증가시킨다. '테라포밍(행성을 지구의 이미지로 변형시키는 것)'이라고 부르는 이 급진적 작업은 오랜 시간이 걸리는데, 아마도 수십만 년에 걸친 시간이 필요할 것이다. 화성의 식민지화는 당장 내일을 위한 것이 아니다.

세 번째로 훨씬 더 극단적인 가능성이 있다. 미래의 화성 식민지 정착민을 유전적으로 변형시키는 것이다. 이것은 인체가 정상적으로 생성하지 않는 아미노산을 합성할 수 있게 하여 치명적인 방사선에 더 잘 저항하고 뼈 재생을 개선하며, 화성 행성에 잘 맞는 식단을 만들게 할 것이다. 물론 이 가능성은 아직 공상 과학 수준일 뿐이다.

가고 싶은가? 당신은 돌아오고 싶을 것이다!

민간 기업 마르스원은 2032년에 화성으로 가고 싶은 지구인에게 참여 신청을 받을 계획이다. 앞서 보았듯이 이 여행과 체류는 각종 복병과 어려움으로 가득 차 있기 때문에 이는 대단히 독창적인 생각이다. 간단히 말해, 현재 상황에서 사실 자살 행위와도 같다!

화성의 식민지화는 때때로 아메리카 대륙에 도착한 식민지 개척자들의 모험과 비교되기도 했다. 그러나 아메리카 대륙에 도착했던 개척자들은 공기를 마시고 마음껏 먹을 수 있었다! 이것은 분명 초기 화성 정착민들에게는 해당하지 않을 것이다. 붉은 행성의 위험에 굴복하고 싶지 않다면 공기, 물, 식량을 자체적으로 신속하게 생산해야 할 것이다!

우선, 화성을 떠나는 것이 현재 우리 행성을 떠나는 것보다 훨씬 어렵다는 것을 기억하자.

그럼 이제 식민지 개척자들이 화성에 착륙했다고 상상해 보자. 그리고 그들은 살아남았다. 그럼 지구로 돌아올 수 있을까?

우선, 화성을 떠나는 것이 현재 우리 행성을 떠나는 것보다 훨씬 어렵다는 것을 기억하자. 화성의 중력은 지구의 중력보다 아주 많이 세다. 여행은 오래 걸릴 뿐만 아니라 일단 화성에 도착하면 아무 때나 떠날 수도 없다. 지구와 화성이 태양의 같은 면에 있을 때만, 즉 약 26개월 주기(2031년, 2033년 등)만 가능하다. '화성, 그리고 다시 시작'이라는 슬로건은 확실히 오해의 소지가 있다.

화성 탐험에 뛰어드는 기업들

오늘날 몇몇 국가들은 우주 의제에서 탐사선—로봇 탐사선과 유인 탐사선—을 보내 화성을 탐험하거나 식민지화할 계획을 세우고 있다. NASA는 2033년까지 우주 비행사를 파견 보내고 귀환시킬 계획이다. 이전 장에서 언급한 차세대 우주 발사 시스템(SLS) 및 오리온 프로그램을 통해 향후 화성 유인 비행의 기반을 마련하고자 한다.

민간 기업인 스페이스 X는 2014년에 NASA와 함께 로켓과 레드 드래곤 같은 캡슐을 화성에 만들기 위한 협약을 체결했다. 스페이스 X와 NASA 간의 우주법 협정 21조에는 NASA가 '원거리 우주 통신 및 원격 측정, 원거리 우주 항해 및 궤도 설계, 진입·하강 및 착륙 시스템에 대한 전문 지식 및 엔지니어링, 화성 진입 시 공기역학 및 항공 열역학 데이터베이스, 행성 간 탐사에 대한 조언'과 관련된 전문 지식을 제공할 것이라고 명시하고 있다.

그 대가로 스페이스 X는 유인 탐사선을 2030년대에는 보낼 수 있게 될 것이다. 이 아이디어는 향후 50년에서 100년 이내에 화성에 영구적이고 자급자족이 가능한 식민지를 건설하기 위해 재사용 가능한 발사대 100대에 각각 100명에서 250명의 정착민을 실어 보내는 것이다. 화성으로 가는 최초의 로켓은 향후 몇 년 동안 비행 테스트를 수행한다. 비록 현재는 이 프로그램이 유토피아적으로 보이지만, 스페이스 X는 세계에서 가장 강력한 발사체 팰컨 헤비를 성공적으로 발사해서 통신 위성 궤도에 진입시켰으며, 2016년 4월에 중국이 복제했던 그들의 첫 번째 재사용 가능한 발사체 시험 등, 이미 많은 성공을 거두었다는 점에 주목해야 한다. 민간 기업 블루오리진 역시 수십 년에 걸친 의제에 따라 달과 화성에 수천 명의 정착민을 보낼 계획이다.

그렇다면, 화성인들은 어떻게 생각할까?

이러한 계획이 비현실적이든, 매우 낙관적이든, 심지어 유토피아적이든(오늘날, 어떤 국가도 사람을 행성에 착륙시키고 귀환시킬 기술적 또는 재정적 수단을 갖고 있지 않다!) 그 자체에는 문제가 없다. 어느 정도 장기적으로 본다면, 인류는 인간을 화성에 보낼 수 있을 것이다.

그렇다면 여기서 근본적인 질문이 떠오른다. 화성에 생명체가 존재하는지 아직 모르는 상태에서 화성에 정착민을 보내는 것이(윤리적인 것은 말할 것도 없고) 합리적인 걸까? 실제로 세균 형태의 원시 생명체라도 존재한다면, 그것을 발견하기 전에 정착민을 보낸다면 그 생명체를 멸종시킬 위험이 있다. 과거 아메리카 대륙에서 전쟁보다 정착민들이 가져온 질병이 아메리카 원주민을 더 많이 죽였던 것처럼 말이다.

현재까지 어떤 화성 탐사선도 화성 표면에서, 아니 몇 센티미터 깊이에서도 유기 분자나 생명체를 발견하지 못했다. 그러나 얼음으로 젖어 있는 지하 표면 아래 미생물의 존재 가능성은 여전히 당대의 관심사이다. 이러한 이유로 유럽의 엑소마스 2020(ESA, 로잘린드 프랭클린의 이름을 딴 로버)의 임무는 화성 토양을 2m 깊이까지 뚫는 것이다. 화성에 생명체가 아직 존재한다면, 그 발견은 적어도 두 가지 이유로 중요하다.

첫째, 생명의 출현 과정이 공통적이라는 사실을 증명할 수 있다. 둘째, 생물학자와 화학자들이 지구상의 모든 생명체와 다른 형태의 생명체를 연구할 수 있게 함으로써, 다양한 환경과 물리 화학적 조건에서 생명체 출현의 시나리오를 다시 생각해 볼 수 있다는 점이다. 따라서 많은 과학자들은 화성에 인간을 보내 식민지화하기 전에 어떤 형태의 생명체(미생물이라도)도 화성에 존재하지 않는다는 것을 확인하라고 강력히 권고한다. 그리고 오늘날 화성에 생명체가 존재하지 않더라도 그곳에서 물이 풍족하게 흘렀던 시대의 생명체 흔적을 여전히 감지할 수 있을 것이다.

그러므로 우리는 더 기다릴 필요가 있다. 화성으로의 여정 자체가 우리에게 치명적일 가능성이 매우 크기 때문이다. 지금까지 지구의 방사선 벨트 보호 없이 태양이 내뿜는 에너지 입자를 견뎌내고 우주에서 6개월을 보낸 생명체는 없다. 따라서 중장기적으로 본다면 로봇만이 화성을 탐사할 수 있을 것이며, 로봇의 장점은 이러한 에너지 입자로 인한 손상(암, 돌연변이 등)에 둔감하다는 것이다.

8

지구처럼 바꾸자,
테라포밍

다소 야만적인 용어인 '테라포밍'은 문자 그대로
천체를 지구와 유사한 조건으로 변화시키는 것을 의미한다.
이 용어에는 생명체가 그곳에 출현할 수 있으며
적응하여 살 수 있다는 근본적인 생각이 깔려 있다.
왜냐하면 궁극적으로는 인간이 현재 지구에 사는 것과
같은 방식으로 언젠가 그곳에 정착하여
영구적으로 살 수 있다고 생각하기 때문이다.
그러나 태양계 행성의 조건을 고려할 때,
테라포밍이 정말 가능할까?

테라포밍 테라포밍(Terraforming) 혹은 지구화라고 칭하는 이 용어는 행성이나 위성에 적용할 수 있는데, 그곳의 대기, 온도, 표면, 생태를 인위적으로 변화시켜 지구 환경과 유사하게 만들고 지구와 같은 생명체, 이상적으로는 인간이 거주할 수 있도록 하는 것이다. 행성 환경에 변화를 주겠다는 이러한 개념은 공상 과학 소설에 의해 널리 대중화되기는 했지만, 과학에도 기반을 두고 있다.

그러나 이러한 과학적 기반이 모두 경험으로 검증된 것은 아니다. 본격적인 테라포밍 작업은 아직 수행되지 않았으며, 이 개념 자체는 불가능하지 않지만 이론 상태로 남아 있다. 지금까지 행성 규모의 프로젝트 기반 시설 구현에 있어 (매우!) 장기적인 관점에서 과학적, 기술적, 생태학적, 경제적, 심지어 정치적인 타당성은 여전히 입증되어야 하며, 인류 차원에서 아주 오랜 시간이 더 필요하다.

대기, 온도, 표면, 생태를 인위적으로 변화시켜 지구 환경과 유사하게 만들고 지구와 같은 생명체, 이상적으로는 인간이 거주할 수 있도록 하는 것이다.

금성부터 테라포밍해 보자! 금성을 테라포밍하는 것은 지구 대기압의 90배에 달하는 엄청난 압력의 두꺼운 이산화탄소 대기를 제거하고, 450도의 지옥 같은

열기가 지배하는 표면 온도를 낮추어야 하므로 간단하지 않다. 미국의 천문학자 칼 세이건은 일찍이 1961년에 '행성 공학'을 제안했는데, 이는 금성의 대기에 해조류를 침전시켜 물, 질소 및 이산화탄소를 유기 성분으로 바꾸는 것이다. 그렇게 함으로써 대기 중의 이산화탄소 함량이 감소하여 생성된 온실 효과를 줄이고 자동으로 표면 온도를 감소시킬 수 있다. 잔류 탄소는 금성에서 흑연이나 다른 비휘발성 탄소로 분리되기 전에 표면의 매우 높은 온도로 먼저 불탔을 것이다. 그러나 이후 결과를 보면, 특히 금성 구름에 다량의 황산이 존재하고 대기압이 높으므로 이 시나리오는 비현실적이라는 것이 증명된다.

따라서 금성의 테라포밍은 아마도 대기 중의 이산화탄소 함량을 감소시키는 것을 의미하는데, 이를 달성하기 위한 방법은 오늘날에도 매우 불투명하다!

또한 금성은 실제로 반-테라포밍을 경험했다는 점에 유의하자. 최근 연구에 따르면 금성이야말로 크기, 밀도 및 화학적 성질면에서 30억 년 동안 지구와 매우 유사했으며, 생명체가 살았을 수도 있는 광대한 바다가 있어 태양계에서 최초로 인간이 거주 가능한 행성일 거라 생각되었다. 금성은 당시 지구의 완벽한 쌍둥이였지만, 불과 7억 년이라는 그리 멀지 않은 과거에 급격한 변화를 겪었다. 생명체가 거주할 수 있는 행성을 끔찍한 지옥으로 바꾸는 것이 그 반대보다 훨씬 더 쉬워 보인다!

생명체가 살 수 있는 행성이 되기 위한 비법

1.

태양, 지구 물리학적·지구 화학적인 에너지원이 필요하다.

목성이나 토성 위성의 해저에 있는 에너지원을 예로 들 수 있다.

2.

생명체의 출현과 발달을 가능하게 하는

유기 분자의 조합에 유리한 조건이 필요하다.

3.

시간, 시간 그리고 시간이 필요하다.

4.

이 모든 것을 섞어서 테스트 전에 (적어도) 몇 만 년 동안 그대로 둔다.

그렇다면 이제 화성을? 화성은 기후 변화를 일으키기 위해 대기를 변화시켜 테라포밍을 할 수 있는 가장 유력한 후보다. 그래서 1970년대 초에 화성을 더 푸르게 만드는 것을 목표로, 생물권을 자체 조절하는 지구형 행성으로 테라포밍하자는 제안이 나왔다!

화성의 테라포밍은 두 단계로 구성된다. 첫 번째 단계로 더 두꺼운 대기를 형성하고, 두 번째 단계는 이를 가열하는 것이다. 주로 이산화탄소 같은 온실가스로 구성된 두꺼운 대기는 들어온 태양 복사를 가두어 온도를 상승시킨다. 가열된 대기는 온실가스의 구성을 가속할 것이다.

그러나 이산화탄소는 물을 액체 상태로 유지할 만큼 온도를 올리기에는 충분하지 않을 수 있다. 따라서 화성을 따뜻하게 하기 위해 오존층을 보호하려는 노력으로, 지구에서는 금지된 염화불화탄소(CFC)를 화성 대기에 주입하는 것이 제안되었다. NASA는 '행성 생태 합성'이라는 용어를 만들었다. 일단 화성이 온실가스로 구성된 두꺼운 대기에 의해 따뜻해지면 그곳에 미생물을 번식시켜 식물이 살 수 있게 되고, 지구에서 광합성에 의해 산소 생산이 가속화되는 것처럼 생명체가 살 수 있게 될 것이다. 그런 다음 거기에 인간이 식민지를 건설해

1970년대 초에 화성을 더 푸르게 만드는 것을 목표로, 생물권을 자체 조절하는 지구형 행성으로 테라포밍하자는 제안이 나왔다!

서 그 주변을 산책할 수 있게 된다.

마지막으로, 이웃인 달을 테라포밍하는 것은 어떨까?

비록 달은 대기가 없고, 지질학적 시대 동안 대기를 유지하기에 질량이 부족할 수 있지만, 달의 암석으로 인공적으로 위성을 만들어 채취해 온 산소로 '일시적인' 공기를 만드는 방법이 제안되었다. 한 면이 수십 킬로미터 혹은 수백 개의 혜성에 해당하는 달 암석의 정육면체는 달 주변에 지구와 같은 압력 대기를 만들기에 충분할 것이다.

또 다른 대안은 혜성에 존재하는 물을 회수하는 것이다. 그러나 달의 대기를 만들기 위해서는 핼리 혜성 크기(반경 5km)의 혜성 100여 개가 필요할 것이다.

태양계의 다른 천체도 테라포밍할 수 있다. 예를 들어 유로파, 가니메데, 칼리스토, 엔셀라두스, 타이탄(우리가 이미 언급한 위성) 또는 수성(대기가 매우 희박함) 또는 왜행성 세레스도 마찬가지다.

박테리아를 약간 뿌리면?

대부분의 생물학적 테라포밍 프로젝트는 유전자 변형 박테리아(합성 생물학) 사용에 기초를 두고 있다. 지구상의 극한성 생물과 비교해 보는 것은 특히 방사선과 가뭄에 대한 저항성과 관련하여 화성 조건에서 생존할 수 있는 미생물을 합성하는 데 매우 유용한 것으로 입증되었다.

그다음 아이디어는 화성이나 다른 행성의 토양에 박테리아 또는 식물과 조류를 번식시켜서 대기를 더 두껍고 따뜻하게 만들기 위해 광합성 반응을 개발하는 것이다. 하지만 우리가 보았듯이, 지구상의 생명체 출현과 발달을 가능하게 하는 조건은 해양, 대기, 온도, 지질 구조, 조석 등의 매우 불안정한 균형에서 비롯된다. 따라서 태양과의 거리가 다른 천체에서 지구와 유사한 조건을 만들기는 어려울 것이다.

그냥 마을을 만드는 건 어떨까? 외계 마을을 만드는 것을 상상할 수도 있다. 이것을 '파라 테라포밍'이라고도 부르는데, 행성의 일정 지역에 인간이 살 수 있는 폐쇄 거주지를 만드는 것이다. 지표면 위 1~2km에 투명한 경계('유리 지붕')를 두어 사람이 숨쉬기에 적절한 대기 압력과 환경을 만들고, 승객실 전체를 일정한 간격으로 배치된 단단한 케이블로 지탱한 폐쇄 마을이다. 이러한 마을을 행성 전체로 확장하여 온실 효과가 있고 실내 기압이 유지되는 상태로 완전히 둘러싸여 있다고 상상하는 것이다.

그러나 이것도 운석이 겉표면에 충돌했을 때 구멍이 생겨 공기가 누출될 수 있다는 견고성 문제와 그에 따른 거주자의 안전성 문제들을 피해 갈 수 없다.

인간은 다른 행성에서 지구의 모든 환경 조건을 재창조하는 방법을 고려해 보다가 두 가지 사실을 깨닫는다. 인간이 매우 연약한 존재라는 것과, 그럼에도 거대한 화산 활동이나 기후 영향 같은 위기에 적응하는 능력을 갖췄다는 것이다.

이것으로도 충분하지 않다면 트랜스 휴머니즘을 추가하자!

테라포밍을 보완하는 또 다른 가능성은 유전 공학, 생명 공학 또는 사이버네틱스를 통해 인간을 변형시켜 적대적인 환경에 완전히 인공적인 방식으로 적응시키는 방법이다. 식민지로 삼을 행성에 해당하는 중력, 온도, 압력, 대기 구성에서 생존할 수 있는 유전자 변형 인간 유기체를 만드는 것이다. 이러한 변화는 조금 더 급진적이면서 트랜스 휴머니즘적 사고이다!

그런데, 테라포밍은 윤리적일까?

테라포밍의 타당성에 대한 철학적 논쟁은 분명 존재한다. 다음과 같은 문제가 생길 수 있다. 천체의 생

태계를 인류를 위해 식민지화하거나 인류의 보존을 위해 근본적으로 변형해도 될까?

칼 세이건을 포함해 일부 사람들은 태초부터 지구 환경을 변화시켜 온 생명 역사의 연속성을 들어 다른 천체를 거주할 수 있게 만들어야 하는 인류의 도덕적 의무를 지지했다(호모 사피엔스의 이주, 아메리카의 식민화 등을 생각해 보자). 이 입장은 먼 미래에 인구가 너무 많아지거나 지구가 과하게 뜨거워지면 지구상의 모든 생명체가 파괴된다는 것을 가정한다. 바로 환경이 심하게 오염되거나 태양이 적색 거성으로 성장하면서 지구의 온도가 높아져 모든 물이 증발할 때를 말한다. 그러면 인류는 지구에서 생물 다양성이 사라지는 것을 방지하기 위해 실물 크기의 노아의 방주를 만들어 다른 천체로 가져가는 방법을 생각해 보아야 한다는 것이다.

테라포밍을 반대하는 견해를 가진 이들은 이미 지구를 망가뜨린 인간이 다른 천체에서 같은 방식으로 행동하지 않을까 우려한다. 이 견해를 생각해 보면, 생명체가 없는 행성을 테라포밍하는 것을 정당화하기 더 쉽다. 왜냐하면 파괴할 대상이 없기 때문에 적어도 도덕적으로 비난받을 일은 아니기 때문이다.

하지만 어떻게 절대적으로 확신할 수 있을까? 다른 행성에 정말 어떤 형태의 생명체도 없을까? 현재 화성에서 볼 수 있듯이 행성의 상태를 확정적으로 확인하는 것은 매우 어렵다. 증거가 없다는 것이 부재의 증거는 아니며, 이러한 의심은 사라지지 않을 것이다.

마지막 가능성이 하나 있다. 실제 구현이다. 지구의 중력장에 필적하는 인공 중력을 생성하기 위해 스스로 회전하는 우주의 자율적 거대 도시 말이다. 이 우주 도시의 건설과 공급에 필요한 광물 및 에너지 자원은 정확히 달, 또는 소행성의 에너지 자원을 개발하여 얻을 수 있다! 그러나 행성체의 변형을 다룬 테라포밍은 아직 머나먼 이야기다.

다른 행성에 정말 어떤 형태의 생명체도 없을까?

우주 자원 개발에도 법이 필요하다

우주 천체, 소행성, 위성, 작거나 큰 행성에서 자원을 채굴하는 것이 합법적인지 아닌지에 대한 질문은 격렬한 논쟁을 불러일으키고 있다. 우주 개발을 잠재적인 금광으로 여기는 분위기 탓이다. 오늘날 두 개의 국제 조약만이 우주 채굴 자원의 개발을 규제하고 있다.

첫 번째, 외기권 우주 조약(Outer Space Treaty, 1967년)은 달과 다른 천체를 포함한 우주를 탐사하고 사용하는 국가의 활동을 규제한다. 108개국이 서명했지만 85개국만이 동의했으며, 이 조약은 대상에 대해 모호한 부분이 있다. 이 조약은 우주에서의 대량 살상 무기는 금지하지만, 재래식 무기는 해당하지 않는다!

두 번째, 달 조약(Moon Treaty, 1979년)은 태양계의 다른 천체와 마찬가지로 모호함 없이 엄격하게 규정한다. "평화로운 목적을 위해서만 사용되어야 하며 환경을 교란해서는 안 된다. 달과 달의 천연자원을 인류의 공동 유산으로 정의한다. (…) 이러한 자원의 착취를 통제하기 위한 국제 체제를 수립해야 한다." 하지만 아직 '우주' 국가 중 어느 나라도 이 협정에 동의하지 않았다! 그래서 현재 주권 국가가 천체의 자원을 약탈하는 것을 금지하는, 법적 구속력이 있는 국제 조약은 없다.

그러나 과학 연구와 우주여행 및 자원 사용 사이의 경계는 점점 사라지고 있다. 대부분의 민간 기업들은 개발에 관심을 두고 있다. AMC 및 플래니터리 리소시스 같은 일부 기업은 물, 희토류 광물, 백금, 금, 철 등을 찾을 계획이다. 2015년에 미국은 미국 시민이 "소유권, 운송권, 사용권 및 판매권을 포함하여 소행성 또는 우주에서 가져온 모든 자원에 대한 합법적으로 모든 권리를 가진다."라는 상업적우주발사경쟁력법을 일방적으로 통과시켰다. 룩셈부르크도 그 뒤를 이었고, 미국의 법을 더 완화시켰다. 오늘날 여러 국가에서 룩셈부르크 법률을 준수하고 있다.

이 새로운 형태의 골드러시에서 우리가 과거에 저지른 잘못을 잊으면 안 된다. 과거의 역사가 반복되지 않도록 말이다. 우리가 여기서 이야기하는 것은 우주 자원을 착취하는 행위에 대한 것이다. 소행성, 달 및 태양계 행성의 착취에 대한 장벽을 설정하여 조약을 수정해야 할 때가 되었다. 행성 간 여행 및 우주 식민지화를 향한 외계 세계의 개발이 불가피한 오늘날, 우리는 함께 외계 세계

OUTER SPACE TREATY

에 대한 지식을 얻기 위한 과학적 연구와 우주 탐사 사이의 균형을 찾을 필요가 있다.

9

외계 행성을 식민지로 만드는 몇 가지 조건

외계 행성과 태양 이외의 항성 주위를 도는 행성은 몇 개나 될까?

1995년 0개에서 2020년에는 4,000개 이상 발견했는데,

이것은 정말 어마어마한 인플레이션이다.

행성들은 다양한 특성이 있는데,

작거나 크거나, 차갑거나 뜨겁거나, 암석으로 이루어져 있거나

가스로 이루어져 있거나, 대기가 있거나 없거나……,

열거를 하자면 끝이 없다. 그러나 주의해야 한다.

이들 모두가 '거주할 수 있는' 곳은 아닌데다가

무엇보다도 우리와 매우 멀리 떨어져 있다!

따라서 식민지화를 목표로 그들에게 접근하는 것은

오늘날에도 여전히 공상 과학 소설 속 이야기나 마찬가지다!

외계 행성의 발견! 1995년 10월 6일, 오트프로방스 천문대는 놀라운 발견을 했다. 태양계 바깥에 있는, 우리 태양 이외의 별 주위를 도는 최초의 외계 행성을 발견한 것이다. 페가수스자리51b(줄여서 51Peg b라고 함)라고 이름 지어진 이 외계 행성은 태양과 매우 유사한 황색 왜성 페가수스자리51 주위를 공전한다. 페가수스자리 방향에서 51광년 떨어져 있다.

이 발견은 두 가지 이유에서 혁명적이다. 태양 이외의 항성 주위를 도는 최초의 행성계가 관찰되었다는 사실과, 우리에게 매우 낯선 형태의 행성이라는 점에서다. 태양계에 속한 우리는 태양에 가까운 (지구와 같은) 작은 암석 행성과 더 멀리 있는 (목성과 같은) 거대 가스 행성에 익숙하기 때문에, 태양형 항성과 매우 가깝고 공전 주기가 4.5일에 불과한 51Peg b는 낯설게 느껴진다.

비교해 보자면, 태양과 가장 가까운 작은 행성인 수성은 88일 동안 태양을 공전한다. 따라서 51Peg b를 설명하기 위해서는 비슷한 질량과 크기를 가진 목성을 상상해야 한다. 여기에 더해 태양과 매우 가까운 궤도에서 1,000도 이상의 온도로 달궈진 '뜨거운 목성'으로 생각하면 된다. 어떻게 그렇게 큰 행성이 태양형 항성 가까이에서 형성될 수 있었을까?

천체물리학계는 태양형 항성 주위를 도는 최초의 외계 행성을 발견하고 몹시 감동하여 24년 후인 2019년에 발견자 미셸 마요

르에게 노벨상을 수여했다. 하지만 스위스 천문물리학자인 디디에 쿠엘로는 이것을 예외적인 경우라고 생각했다. 그러나 4개월 후, 목성 질량의 6.6배에 달하는 두 번째 외계 행성이 발견되었다. 117일 동안 처녀자리70을 도는 또 다른 '뜨거운 목성'이 있었던 것이다! 목성 크기의 몇 배에 달하고 공전 주기가 최소 4~5일에 불과하며, 목성보다 태양형 항성에 100배 더 가까이 위치해 가장 뜨거운 온도는 1,000~4,600도에 달한다. 이 행성의 모양은 태양형 항성과의 근접성 때문에 어마어마한 조석력을 받아서 마치 럭비공처럼 변형되었다!

셀 수 없이 많고 다양한 외계 행성들

다양한 관측 프로그램 덕분에 지상과 우주의 망원경을 통해 오늘날 4,000개 이상의 외계 행성이 알려졌고, 그중 일부는 태양계와 같은 행성계를 구성한다. 이 목록은 나날이 늘어가고 있다. 천문학자들이 확인해야 할 외계 행성 후보는 아직도 약 2,500개에 달한다! 성질(암석 또는 기체), 크기, 온도, 별과의 거리(가깝거나 먼) 면에서 서로 매우 다른 특성을 가진 외계 행성들을 발견하자 천문학자들은 놀라움을 금치 못했다. 그들은 암석이 많은 '지구형'부터 별에서 멀리 떨어진 얼음 세계의 '뜨거운 목성' 또는 '차가운 목성' 유형의 거대 가스 덩어리의 두

그룹으로 나뉜다. 통계적으로 태양형 별 절반 이상이 우리 태양계에는 없는 '슈퍼 지구'를 가지고 있는데, 슈퍼 지구는 금속과 약간의 가스로 이루어진 지구와 해왕성 사이의 크기인 암석 행성이다. 우리가 알고 있는 지구의 고유한 특성에 익숙해서 태양계의 다른 행성과 위성의 다양성에 대해 대비하지 못한 것처럼, 우리 태양계의 고유성 역시 아마도 우리가 태양 이외의 별 주위에 있는 행성계의 다양성을 상상하는 데 방해가 되었을 수 있다.

거주 가능 영역

'거주 가능 영역'은 대기를 가진 암석 행성으로, 표면 온도 0~40도를 유지하며 액체 상태의 물이 표면에 존재하고 광합성을 통해 생명체가 발달할 수 있는 환경을 가진 별의 일정거리에 있는 좁은 띠를 말한다. 이 영역 밖에 있는 물은 액체 상태로 존재할 수 없다. 따라서 거주 가능 행성의 중요한 변수는 별까지의 거리다. 행성이 별에 너무 가까우면 너무 뜨겁고, 반대로 너무 멀면 너무 춥다(그래서 이 지역의 별명은 '골디락스'이다!(너무 뜨겁지도, 너무 차갑지도 않은 딱 적당한 상태를 이르는 말-옮긴이)). 이 영역의 위치와 범위는 별의 광도에 따라 다르다. 밝기가 약할수록 영역은 더 작고 별에 더 가깝다.

이 영역 밖에 있는 물은 액체 상태로 존재할 수 없다. 따라서 중요한 변수는 별까지의 거리다.

예를 들어, 우리 태양계에서 금성은 경계에 있다. 금성은 지구보다 태양에 30% 더 가깝고, 90% 더 많은 방사선을 받는다. 지표면의 높은 온도 때문에 바다의 물이 증발해서 상층 대기로 빠져나간다. 태양 광선에 원자가 분리되고 수소는 우주로 빠져나가지만, 산소는 지각의 암석과 결합하여 온실 효과를 일으키는 지옥 같은 악순환에 빠지게 된다!

태양에서 더 멀리 떨어진 화성(지구보다 50% 더 멀다)은 태양계 거주 가능 영역의 바깥쪽 경계에 위치한다. 액체 상태의 물이 존재하려면 온실 효과가 영구적이어야 한다. 하지만 비가 내리면 해저 퇴적암에 축적된 온실가스를 녹여서 도리어 물이 사라질 위험이 있다. 따라서 온도가 떨어지면 땅에서 물이 얼음으로 변하여 빙하(영구 동토층)가 발생한다. 우리의 행성 지구는 정확히 거주 가능 영역 안에 있다. 운 좋게도 지구는 다른 온실 효과나 빙하를 경험한 적이 없다.

이 거주 가능 영역의 개념은 별마다 다르다. 태양과 유사한 별의 경우 이 영역이 태양-지구 거리의 0.5배에서 2.5배까지 확장된다. 이 영역에 생명체가 거주할 수 있으려면 대기에 가스가 있어야 하는데, 그러려면 충분한 중력이 필요하므로 달이나 소행성과 같은 작은 물체는 제외된다. 또한 이 영역 밖의 행성들은 대기와 온도가 매우 높은 거대한 행성(예: 뜨거운 목성) 주위를 도는 달 크기의 위성들처럼 액체 물이 있을 수도 있지만, 지표면에는 존재하지 않을 수도 있다(목성의 위성인 유로파 또는 토성의 위성인 타이탄의 경우와 같다). 마찬가지로, 화산 활동으로 발생하는 수소 가스는 태양형 항성에서 매우 멀리 떨어져 있는 행성을 더 따뜻하고 살기 좋은 곳으로 만들 수 있다.

어마어마하게 먼 장거리 여행

언젠가 우리가 거주 가능한 외계 행성을 찾고 그곳에서 생명체의 흔적까지 발견했다고 상상해 보자. 현장 탐사를 기대해도 될까? 불행히도, 장거리 유인 우주여행을 할 수 있는 기술은 여전히 극복하기 어려운 장애물로 남아 있다. 현재의 추진 수단으로는 가까운 이웃인 화성에 도달하는 데도 6개월이 걸릴 것이다!

지금까지 지구에서 인간이 발사한 탐사선은 다섯 개에 불과하다. 심지어 두 개는 태양계의 경계에 도달하는 데도 40년이 걸렸다. 이것은 태양계의 크기를 짐작하게 해 준다! 최초의 탐사선 파이오니어 10호(NASA, 1972년 발사)는 1973년에 목성 부근을 비행한 뒤, 2003년에야 지구와 마지막으로 접촉했다. 그다음으로 파이오니어 11호(NASA, 1973년 발사)는 1979년에 토성 근처를 비행했고, 1995년 이후 지구로 신호를 보내지 않고 있다. 세 번째 탐사선 보이저 1호(NASA, 1977년 발사)는 1980년에 토성 상공을 비행

했고, 2012년 8월 25일에 공식적으로는 최초로 태양권계면—태양권, 즉, 태양 자기장 영역과 태양풍 영역의 경계—을 통과했다. 이 경계면은 태양으로부터 180억 km, 즉 지구와 태양 거리의 120배이다. 보이저 1호는 현재 지구로부터 216억 km에 달하는 아찔한 거리에 있으며 행성 사이를 이동하면서 우주여행을 계속하고 있다. 네 번째 탐사선 보이저 2호(NASA, 1977년 발사)도 1989년에 해왕성을 비행한 후 태양권계면의 경계를 넘었다. 보이저 1호는 17km/s(61,200km/h), 보이저 2호의 경우 15km/s(55,000km/h)의 고속으로 깊은 우주로 이동하므로, 연간 5억 킬로미터 이상을 여행한다!

우리는 여전히 이들 탐사선으로부터 신호를 받고 있으며, 탐사선은 약 4만 년 안에 태양과 가장 가까운 별 근처에 도착할 것이다. 다섯 번째 탐사선인 뉴호라이즌스호(NASA, 2007년 발사)는 52,000km/h의 속도로 지구에서 47억 km 떨어진 왜소 행성 명왕성에 도달하는 데 9.5년(2015년에 도착)이 걸렸다. 뉴라이즌스호는 명왕성을 비행한 후 지구에서 60억 km 이상 떨어진 태양계 가장자리에 있는 소행성 아로코스를 지나친 뒤, 더 먼 거리를 향해 지칠 줄 모르고 계속 움직이고 있다.

일부 우주 탐사선은 이보다 훨씬 더 빠르다. 예를 들어 파커 태양 탐사선(NASA, 2018년 발사)은 95km/s(343,000km/h)라는 엄청난 속도로 금성 주위를 여섯 번 회전했다는 기록을 가지고 있다(우리는 이것을 줄 끝에서 회전하도록 만든 조약돌 새총의 이미지를 따서 중력 슬링샷(중력 새총이라고도 하는데 주변 행성이나 블랙홀의 중력에서 추진력을 얻어 비행하는 방법을 말한다 – 옮긴이)이라 한다.).

'센타우루스자리프록시마별'으로의 여행

잠시 우리 태양보다 7배 더 작고, 10배 덜 무겁고, 700배 덜 밝으며 4.23광년 떨어진 적색왜성 센타우루스자리프록시마별 주위를 도는 센타우루스자리프록시마b를 살펴보자. 태양에서 가장 가까운 항성이기도 하다.

센타우루스자리 알파 A와 B라는 다른 두 별과 함께 있는 프록시마는 활동성이 강한 별이다. 센타우루스자리프록시마b가 받는 자외선 흐름은 지구가 받는 것보다 250배나 더 강하고, 방사선 흐름은 15배 더 강하다. 이 강력한 방사선은 물 분자를 분해하고, 행성의 상층 대기를 가열하여 우주 공간으로 물과 가스를 뿜어낸다. 지구 질량보다 1.3배 큰 이 외계 행성은 항성에서 700만 km 떨어진 거리에서 단 11.2일 만에 궤도를 공전하며, 아마도 거주 가능 영역에 위치할 것이다. 대기가 있고, 물이 액체 상태로 남아 있으며 거기에 살아 있는 생명체가 있다면, 그 생명체들에게 그들의 붉은 별은 우리의 태양보다 거의 3배나 커 보일 것이다. 별과의 근접성을 고려할 때, 우리가 항상 달의 같은 면만 보듯이 그 별 역시

같은 면만 보일 가능성이 있다. 따라서 수성과 비슷하게 보이거나 '해양 행성'처럼 깊이 200km의 바다로 완전히 뒤덮인 모습으로 보일 수 있다!

센타우루스자리프록시마b는 우리와 39조 7110억 km 떨어져 있다. 우리 탐사선이 여행한 최대 거리보다 2,200배나 더 먼 거리이다. 화성까지 가는 데 6개월이 걸린다면, 태양계에서 인간이 보낸 가장 빠른 탐사선의 속도로 프록시마에 도달하는 데도 7만 년이 걸린다. 때문에 행성 사이 여행은 아직 현실성이 없다! 가장 빠른 우주 탐사선인 파커 태양 탐사선을 사용해 343,000km/h의 속도로 이동하면 여행 기간이 1만 3,200년으로 단축된다. 핵 추진을 이용하여 화성 여행 기간을 단축하기 위해 연구 중인 프록시마로의 이주는 1,000년 동안 지속될 것이다.

더 큰 꿈을 꾼다면 핵융합이 있다. 이론적으로 모든 인류가 매년 사용하는 에너지의 10만 배에 해당하는 에너지를 사용하면 빛의 속도의 12%에 도달할 수 있으며, 센타우루스자리프록시마b에 35년 만에 도달할 수 있다!

인간을 프록시마로 옮기기 전의 대안으로는 1g 정도의 매우 가벼운 자동 행성 탐사선을 발사하여 빛의 속도(60,000km/s)의 최대 20%인 100Gw의 강력한 레이저로 이를 추진시키는 것이다. 그러면 21년 동안만 이동하면 된다. 태양계의 경계에 도달하는 데는 3.5일이 걸린다. 오르트 구름을 통과하는 데 7.5년, 행성들 한

가운데에서 13년을 보낸 후 프록시마 상공을 비행한다(제동할 수 없으므로 단 2시간 동안만). 그러고 나서 빛의 속도로 4.2년이 걸릴 거리에 있는 지구를 향해 이미지를 다시 보내야 한다. 이것이 '브레이크스루 스타샷' 프로젝트이다. 따라서 2025년에 탐사선을 발사한다면 2050년까지는 이미지를 얻을 수 없다. 그럼에도 이것은 우리와 가장 가까운 별이다!

도착할 때까지 살아 있어야 한다

우주여행에 드는 시간도 문제지만, 인간의 수명과 관련해서 또 다른 문제가 존재한다.

예를 들자면 무중력이 인간의 뼈에 미치는 영향 같은 것이다. 우주에 머무는 우주 비행사는 한 달에 약 1%의 근 손실을 겪으며, 지구로 귀환하면 고도로 전문화된 의료팀들의 도움을 받아 회복된다! 최장 체류 기간은 MIR 정거장에서 연속 437일, 즉 1년 2개월 이상이었다. 엄청난 것처럼 보이지만 수십 년, 심지어 수백 년이 걸릴 수 있는 외계 행성에 도달하는 시간에 비하면 매우 짧다.

그렇다면 인간은 긴 우주 여정에서 어떻게 살아남을 수 있을까? 오늘날 기술적으로 실현할 수 없더라도 해결책은 잠재적으로 존재한다. 첫 번째는 승무원 전체 또는 일부의 동면이다. 유기체를 약 -196도로 동결시키고 모든 세포 활동을 중지한 다음 소생시키는 극저온화 과정을 사용한다. 물론 현재까지 살아 있는 사람에게 실행된 적은 한 번도 없다. 그러나 곰 또는 매머드의 동면 같은 자연의 과정을 이용하여 유기체에 관한 연구를 하고 있다. 여기서 동면은 모든 생리학적 활동을 중단하지 않고 여러 번 각성하면서 적당한 저체온을 유지하는 것을 의미한다. 최대 절전 상태로, 유기체를 무기력한 상태로 되돌리며 저체온증(체온의 현저한 저하)에 가까운 특정 증상, 호흡 활동, 심박 수, 신진대사 활동 중단 등을 보이는 것이다.

두 번째 해결책은 전체 여정 동안 활동적인 상태로 살아남은 인간을 수송하는 것이다. 즉 여러 세대가 대를 이어 우주에서 살고, 번식하고, 죽는 것이다. 다세대 승무원이라는 이 방식은 최근에 연구되었으며, 약 100명의 최소 규모로 유전적으로 건강한 승무원이 몇 세기에 걸친 여행 끝에 최종 목적지에 도착하는 것을 제안한다.

인간 수송 기술뿐만 아니라 승무원이 신체적으로 건강하게 도착하는 것을 보장하기 위해 해결해야 할 의학적 문제가 있다. 아무도 그렇게 긴 여행이 인간에게 어떤 영향을 미칠지 모르기 때문에, 여기서 잠재적인 심리적 문제는 언급하지 않겠다. 또한 우주선은 수십 년 또는 수백 년 동안 여러 세대의 선원들이 생존하기에 충분한 식량을 운반할 수 없으므로, 우주 농업을 발전시켜 우주선에서 직접 식량을 재배해야 할 것이다. 여기서 우리는 최소 그 크기가 수백 미터, 심지어 몇 킬로미터에 달하는 우주선의 크기를 상상할 수 있다.

하지만 불가능한 것은 없다. 국제 우주 정거장에서 무슨 일이 일어나는지 살펴보자. 물은 폐쇄 회로로 그곳에서 재활용되고 있다. 우주 비행사는 무중력의 영향으로 근육과 뼈의 손실이 일어나는 것을 막기 위해 매일 하루의 3분의 1(8시간의 수면, 8시간의 실험, 8시간의 운동!)을 신체 운동을 하며 훈련하고, 식물의 성장과 번식에 대한 실험을 수행한다. 지구 표면에서 불과 400km 떨어진 궤도를 공전하는 미니 우주선임에도 말이다.

마지막으로, 우리는 우주 식민지에서 무엇을 해야 할지 생각해 보아야 한다. 그곳에 도착하면 지구에는 없는 다양한 조건과 예상치 못한 상황에 직면할 수도 있다. 만약 이 모든 것이 너무 염려되어 떠나고자 하는 사람이 아무도 없다면, 인간을 로봇으로 대체(또는 최소한 보완)한다는 흥미로운 대안이 마련되어 있다.

먼 외계 행성까지 도전? 우리가 프록시마보다 훨씬 더 먼 별에 도달하는 것을 상상할 수 있을까? 더 빠르게 우주로 나아가기 위한 많은 프로젝트가 있다. 고려해야 할 주요 요소는 운항 속도에 의해 결정되는 비행 시간과 추진 시스템을 결정하는 일, 그리고 최소한의 구속력이 있는 기술 및 경제적 조건이다. 핵분열, 핵융합, 물질-반물질 소멸을 기반으로 하여 레이저나 별 방사선으로 가속하는 몇 가지 가능성이 있다.

예를 들어 플라스마가 자체 자기장에 갇힌 이온 추진 엔진은 열핵융합 마이크로 반응기에 동력을 공급하고, 리튬 또는 알루미늄 이온을 매우 빠른 속도로 방출하면서 불과 몇 주 만에 우주선을 화성으로 추진할 수 있다. 또는 태양계까지 멀리 갈 수도 있다.

또한 우리가 상상할 수 있는 가장 밀도가 높은 에너지 저장 형태를 나타내는 새로운 추진 연료로 반물질을 상상할 수 있다. 핵분열 에너지보다 1,000배 더 밀도가 높으며 그 자체는 이미 화석 연료보다 수백만 배 더 밀도가 높다. 물질과 함께 반물질이 소멸하는 동안 모든 질량은 잔류물이나 폐기물 없이 에너지로 변환된다. 빠르고 멀리, 그리고 적은 비용으로 우주선을 추진하는 이상적인 상황이다. 또한 램제트형 우주선은 먼지와 같은 물질을 궤적을 따라 직접 회수하면서 가속하기 때문에 여행 비용이 줄어들 뿐만 아니라, 이륙할 필요도 없으므로 이상적인 연료로 여겨진다.

아폴로 임무로 우주 비행사를 달에 보낸 새턴 V의 첫 번째 단계는 45톤의 탑재물을 달에 운반하는 것이었다. 이를 위해 165초의 이륙 시간 동안 1969년 당시 세계 전력의 0.5%에 해당하는 1,200억 와트(최대 용량으로 가동되는 원자력 발전소 100개의 평균 생산량에 해당)를 공급했다! 재래식 추진으로 몇 주 만에 천 톤에 달하는 로켓을 화성에 보내려면 연간 총 에너지 소비량에 해당하는 엄청난 에너지가 필요하다. 핵 추진은 이동 시간을 단축하는 동시에 필요한 에너지양을 줄일 수 있어 이를 연구 중이다.

오늘날, 전 세계 에너지 생산량은 10톤의 탑재량을 몇 년(또는 심지어 수십 년) 안에 가장 가까운 별에 보내는 데 필요한 것보다 적다. 즉 빛 속도의 최소 10분의 1(즉, 30,000km/s)에 도달하려면 세계 생산량의 5~100배에 해당하는 에너지 출력이 필요하다. 현재 생산량에서 연간 1~2% 정도 증가한다면 2~3세기 이내에 첫 번째 우주여행 임무를 생각해 볼 수 있다.

우주여행의 미래를 예측하는 또 다른 방법은 최근 수십 년 동안 증가한 탐사선의 속도를 계산하는 것이다. 탐사선의 속도는 약 15년마다 두 배로 증가한다. 이를 토대로 추정해 보면 새로운 추진 기술을 통해 수백 년 안에 태양에 가장 가까운 별 10개에 도달할 수 있을 것이다! 이 두 가지 계산은 우주여행에 많은 기술적, 경제적, 정치적, 생리적, 심리적 장애물이 있지만 결국 몇 세기 내에 성공할 수 있을 거라는 희망을 준다.

10

하지만 그들은 어디에 있을까?

이번 장에서는 관점을 바꿔 보겠다.

인간이 우주를 식민지화할 수 있는 기술적 능력이 있다면

외계인도 그렇게 할 수 있어야 한다.

하지만 그들은 어디에 있는 걸까?

왜 우리는 아직 아무것도 보지 못했을까?

그들은 집에 머무르고 있을까, 아니면

숨어서 우리를 지켜보고 있을까?

이러한 질문에 답하려면

그들이 실제로 존재하는지 알고 있어야 한다.

외계인과 연락하는 방법

"우주에는 우리만 있을까?"라는 질문은 인류가 2,000년 이상 해왔지만, 여전히 답이 없다. 천문학자에게 묻는다면 그는 태양 이외의 별 주위 궤도에서 발견된 수많은(4,000개 이상!) 외계 행성의 존재를 언급하면서 에둘러 답할 것이다. 그중 일부는 잠재적으로 거주 가능성이 있다. 그렇다 쳐도 외계 행성은 아직 인간의 손이 닿지 않는 너무 먼 곳에 있다.

평범한 사람들에게 같은 질문을 던진다면 아마도 더 흥미진진한 대답을 할 것이다. 화성에 보냈던 모든 임무들, 탐사선과 로봇을 고려할 때 붉은 행성에는 생명체가 있어야 한다고 말이다!

화성이나 우리 태양계 다른 곳에서는 아직 생명체의 흔적이 발견되지 않았다. 하지만 다른 곳에서는? 우리는 아직 모른다! 그러나 외계 생명체와 접촉할 수 있는 여러 수단이 이미 고안되고 있다.

탐사선 파이어니어 10호가 전하는 메시지

탐사선 파이어니어 10호(NASA, 1972년 발사)에는 외계에 있는 가상의 수신자가 우연히 받을 수 있도록 보낸 사람(인간 문명)에 대한 정보를 담은 메시지가 함께 실려 있다. 금빛 알루미늄 판에 새겨진 이 메시지는 여성 옆에서 손을 흔드는 남성, 태양계 탐사선의 궤적, 은하 중심에서 태양계의

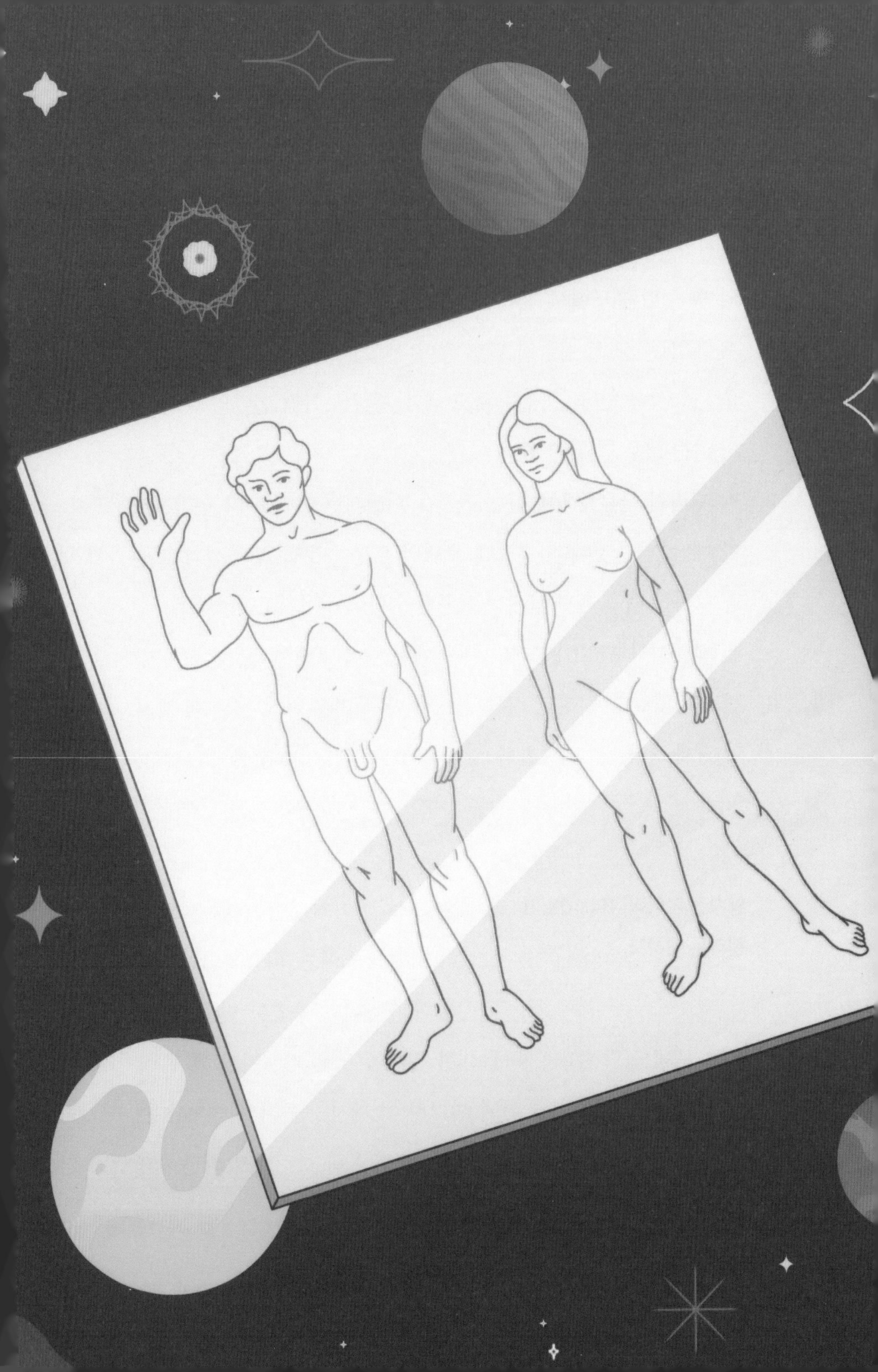

위치, 빠르게 회전하는 14개의 별뿐만 아니라 수소 원자를 묘사하고 있다. 물론 이 메시지에 어떤 형태를 넣을 지에 대한 많은 논쟁이 있었다. 남자와 여자는 벌거벗어야 할까, 옷을 입어야 할까? 손을 잡고 있어야 할까, 아니면 떨어져 있어야 할까? 어느 쪽이 인사해야 할까? 또한 의도를 알지 못하는 외계인에게 우리의 위치를 대략적으로라도 알려주는 것은 위험하지 않을까? 비슷한 맥락에서, 아즈텍인들이 에르난 코르테스의 정복 야망을 알았다면 그토록 열렬히 환영했을까?

보이저 1호와 2호의 새로운 시도

보이저 1호와 2호 탐사선은 1977년 발사 당시, 지구상의 생명체와 문화의 다양성을 대표하는 소리와 이미지가 포함된 지름 30cm의 금 도금 구리 디스크를 실었다. 파이어니어호의 알루미늄 판처럼 이 디스크는 우연히 그것을 회수할 가능성이 있는 외계인을 위해 설계되었다. 이 디스크가 실제로 복구될 확률은 파이어니어호처럼 미미하지만, 여기서 흥미로운 지점은 인간이 스스로 중요하다고 생각하는 정보, 그리고 이 정보와 관련된 샘플을 제공하는 방식이다.

우선, 사용 지침으로 비디오 디스크의 표지에는 읽기 모드의 설명이 새겨져 있다. 내용으로는 지구와 지구 거주자에 대한 수많은 정보뿐만 아니라 갓난아이, 동물, 바람, 천둥 또는 (예를 들어, 망치 소리 같은) 도구의 다양한 소리를 녹음한 것이 포함되어 있다. 또, 다양한 언어에서 사용하는 "안녕하세요" 같은 인삿말, 문학 작품에서 발췌한 글, 마지막으로 고전 음악 및 현대 음악 일부분을 새겨 놓았다. 마지막으로, 외계 생명체가 우리가 탐사선을 보낸 날짜를 정확히 추정할 수 있게 하려고 방사성 반감기가 약 45억 년인 우라늄 238을 사용해서 수십억 년의 연대 측정이 가능하도록 만들었다.

"이것은 우리의 소리, 우리의 과학, 우리의 이미지, 우리의 음악, 우리의 생각 및 감정의 표시로, 작고 먼 세상에서 온 선물입니다. 우리는 당신의 집에서 살기 위해 우리의 시간에서 살아남으려고 노력하고 있습니다."

냉전이 한창이던 1977년 당시 미국 대통령 지미 카터가 쓴 인간 문명의 덧없음을 잘 보여 주는 메시지를 다시 읽는 것은 흥미롭다. "이것은 우리의 소리, 우리의 과학, 우리의 이미지, 우리의 음악, 우리의 생각 및 감정의 표시로, 작고 먼 세상에서 온 선물입니다. 우리는 당신의 집에서 살기 위해 우리의 시간에서 살아남으려고 노력하고 있습니다."

SETI 프로그램

SETI(Search for Extra-Terrestrial Intelligence)는 1960년대부터 시작

된 미국의 외계 지능 연구 프로그램이다. 인공 전파 신호를 감지하기 위해 하늘에 귀를 기울이는 것과 같은 여러 프로젝트가 있다. 인간이 사용하는 라디오나 텔레비전처럼 외계인에게 포착될 법한 방식을 통해 자발적이든 의도하지 않았든 간에 외계 문명으로 전파될 것이다. 이와 유사한 목적을 가진 다른 프로젝트들도 있는데, 그 예로 '브레이크스루 리슨 프로젝트'가 있다.

그러나 우리는 박테리아 같은 생물이 전자 자극을 이용하는 우리처럼 진화할 가능성에 대해 전혀 알지 못한다. SETI는 아직 외계 생명체를 발견하지 못했지만, 이 프로그램의 관계자 중 한 명은 다음과 같이 회상했다. "이것은 마치 유리잔을 바다에 던졌는데 빈 유리잔이 나오는 것을 발견하고는 바다에 물고기가 없다고 주장하는 것과 같습니다!"

드레이크 방정식

미국 천문학자 프랭크 드레이크는 1961년에 우리 은하에 존재하는 평균 외계 문명의 수 N을 추정하기 위한 방정식을 제안했는데, (이를테면 라디오 같은) 전자기 방출이 감지되고 우리가 접촉할 수 있는 외계 문명을 찾는 것이다. 이 방정식은 7개 항의 곱의 형태로 표현된다.

$$N = R_* \times f_p \times n_e \times f_l \times f_i \times f_c \times L$$

R_* = 우리 은하에서 매년 형성되는 별의 수

f_p = 행성계로 둘러싸인 별의 비율

n_e = (행성계마다) 거주 가능한 행성의 수

f_l = 생명체가 나타난 행성의 비율

f_i = 지적 생명체가 나타난 행성의 비율

f_c = 신호를 보낼 수 있는 지적 생명체가 나타난 행성의 비율

L = 그러한 외계 문명의 평균 수명

이 방정식에서 주요 문제는 탐지 가능한 지능 문명의 수를 얻기 위해 7개의 항을 곱하는 데 있는 것이 아니라, 오히려 이러한 각 항이 매우 커질 수 있다는 불확실성이다. 특히, fl, fi, fc 및 L은 알려지지 않았다. 각 항의 평균치가 얼마인지 알아보자.

R_* = 우리 은하에서 매년 평균 1개의 새로운 별이 나타난다.

f_p = 별 2개 중 1개에는 행성계가 있다.

n_e = 행성계 5개 중 1개에 거주할 수 있다.

f_l = 거주 가능한 행성 10개 중 1개는 실제로 생명체(예: 박테리아 생명체)를 보유하고 있다.

f_i = 사람이 사는 행성 10개 중 1개는 지적 생명체(예: 식물과 동물)를

보유하고 있다.

f_c = 사람이 사는 행성 100개 중 1개에는 인간처럼 통신이 가능한 지적 생명체가 있다.

이러한 외계 문명의 평균 지속 기간인 마지막 항 L은 아마도 가장 추정하기 어려울 것이다. 왜냐하면 현재 우리 문명 하나만 알고 있고 수명이 얼마나 되는지 아직 모르기 때문이다.

따라서 L이 10만 년과 같으면 방정식의 결과는 1이다($N = 1 \times 0.5 \times 0.2 \times 0.1 \times 0.1 \times 0.01 \times 100{,}000$). 즉 전파 송출이 등장한 지 겨우 100년이라는 점을 고려할 때, 통신이 가능한 지적 문명의 지속 기간이 10만 년이라면 은하계에 존재하는 외계 문명의 총수는 1개다!

이 결과는 질적으로 살펴보는 것이 좋다. 왜냐하면 그것은 인류가 우리 은하 전체에서 현재까지 의사소통할 수 있는 유일한 지적 문명일 가능성을 시사하기 때문이다. 그러나 불확실성을 고려하면 이 결과는 우리 은하에서 통신할 수 있는 문명이 1개부터 (아마도 100만 개 이상) 많은 것으로 다양하게 나올 수 있으므로 주의해서 다뤄야 한다! 따라서 이 방정식의 결과에서 할 수 있는 질문은 다음과 같다. 만약 다른 문명이 있다면, 그들은 대체 어디에 있는 걸까?

페르미 역설 1950년, 이탈리아계 미국인 물리학자 엔리코 페르미(1938년 노벨 물리학상 수상)는 몇몇 동료들과 함께 우리 문명이 궁극적으로 은하계에서 첨단 기술 단계에 도달한 유일한 문명일 것이라는 생각을 했다. 실제로 다른 문명이 우리보다 수천 년 또는 수백만 년 전에 이미 이 단계에 도달했다면, 그 종족은 오랜 세월 동안 우주여행, 심지어는 은하수를 식민지화하는 데 발생하는 어려움을 해결할 수 있었을 것이다.

따라서 페르미는 '페르미의 역설'로 알려진 "외계인이 존재한다면 그들은 모두 어디에 있는 걸까?"라는 질문을 스스로에게 던진다. 이 역설의 초기 버전은 프랑스의 수학자이자 철학자인 블레즈 파스칼에 의해 "이 무한한 공간의 영원한 침묵이 나를 두렵게 한다."라는 공식으로 표현되었다고도 할 수 있다.

우리는 이 역설의 다른 버전을 제시할 수 있다. 비록 우리 은하에는 약 4,000억 개의 별이 있고 우주에는 최대 20,000억 개의 은하가 있지만, 우리는 아직 본 적이 없다! 게다가 우리 은하의 나이는 120억 년으로 거의 우주(137억 년)만큼 오래되었다. 따라서 우리는 지적 문명이 우리 은하를 식민지화

다른 문명이 우리보다 수천 년 또는 수백만 년 전에 이미 이 단계에 도달했다면, 그 종족은 오랜 세월 동안 우주여행, 심지어는 은하수를 식민지화하는 데 발생하는 어려움을 해결할 수 있었을 것이다.

하는 데 그리 길지 않은 시간이 걸릴 것이며, 우리 은하에 다른 지적 생명체가 존재했다면 이미 그들을 만났을 것으로 추정할 수 있다. 예를 들어 별에서 별까지 이동할 수 있는 지적인 문명이 우리 은하의 모든 행성계를 식민지화하기로 했다고 상상해 보자. 별에서 별까지의 평균 거리를 10광년이 걸린다고 가정하면, 이 문명이 300km/s(즉, 빛의 속도의 1,000분의 1)의 속도로 이 거리를 이동하는 데 1만 년이 걸릴 것이다. 그리고 행성을 식민화하기 위해 행성에 100만 년 동안 머물렀다가 구성원의 일부를 보내고 다시 10광년을 여행하고, 나머지 100만 년은 다른 행성을 식민화하는 식의 체계가 생길 것이다. 그러면 4천만 년 안에 이 문명이 1만억 개의 행성을 식민화할 것이라고 계산할 수 있다. 이는 추정한 우리 은하계의 수보다도 많다.

4천만 년은 우리에게 매우 길게 느껴질 수 있지만, 이 기간은 지구의 관점에서 보면 매우 짧고, 공룡이 사라지고 난 후의 시간과 비교해도 짧다! 이 추론은 인간이 지구를 정복한 것에도 적용될 수 있다. 인류의 대이동은 연간으로 따지면 평균 25km를 이동한 것이지만, 이는 곧 지구 전체 둘레(40,000km)를 1,600년 만에 이동한 셈이다.

'증거 없음'이 없다는 증거가 될 수 있을까?

따라서 페르미 역설은 다음과 같이 말한다. 아마도 다른 지적인 외계 문명은 존재하지 않을 것이다. 그렇지 않다면 우리가 이미 그들을 보았을 것이기 때문이다. 그러나 외계 생명체가 감지되지 않는다고 해서 반드시 외계 생명체가 존재하지 않는 것은 아니며, 외계 생명체가 너무 지능적이어서 우리가 감지할 수 없는 것일 수도 있다. 게다가 페르미가 1950년에 이 역설을 공식화했을 때 우주 정복은 시작되지도 않았고, 거주 가능한 그 어떤 외계 행성도 알려지지 않았다.

오늘날에는 상황이 다르다. 행성의 형성에서 생명체의 출현에 이르기까지 다양한 단계를 보다 정확하게 정량화할 수 있다. 따라서 우리는 이 역설을 다시 공식화할 수 있다. 생명력이 없는 것에서 생명체로의 전환이 실제로 실현될 수 있는 간단한 물리 화학적 과정이라면, 유리한 조건과 시간이 있을 때 왜 우리는 아직 외계인, 심지어는 외계 생명체의 증거 등을 아무것도 감지하지 못했을까?

외계 생명체가 감지되지 않는다고 해서 반드시 외계 생명체가 존재하지 않는 것은 아니며, 외계 생명체가 너무 지능적이어서 우리가 감지할 수 없는 것일 수도 있다.

이 페르미 역설에 답하는 한 가지 방법은 드레이크 방정식의 L 매개 변수를 사용하는 것이다. 지능적인 문명은 오래가지 않을 수 있다. (예를 들어, 군사용 핵무기로 육상 생물의 많은 부분을 쉽게 파괴할 수 있듯이)

이 경우, 우리 은하에는 동시에 하나의 지능 문명만 있다고 상상할 수 있다. 두 문명은 시간상으로 동시에 공존하지 않으며 서로 통신할 수 없다.

약간의 희망을 품고 이 장을 마무리하기 위해 다음을 언급하겠다. 러시아 천체물리학자 니콜라이 카르다쇼프는 1964년에 문명을 에너지 소비에 따라 5가지 유형으로 분류했다. 유형 I 문명은 풍력에서 열핵융합에 이르기까지 행성에서 사용할 수 있는 모든 형태의 에너지를 제어하여 (태양계와 동등한) 항성계를 여행하거나 우주여행(예를 들면, 태양계와 센타우루스자리프록시마 사이 거리를 포함하는)을 한다. 유형 II 문명은 별이 방출하는 모든 에너지를 보유하고 있으며 이는 행성에서 사용할 수 있는 에너지보다 수십억 배 더 많다(지구는 태양이 방출하는 총 에너지의 10억 분의 1만 회수함). 유형 III 문명은 은하계의 에너지, 또는 여러 별의 에너지를 활용하며 항성 개체군으로부터 에너지를 받아 은하계 간 여행을 가능하게 한다. 마지막으로 유형 IV 문명은 다중 우주(현재 이론적으로만 남아 있는 평행 우주)를 여행할 수 있다. 어쩌면 안심할 수 있는 것은, 우리의 현재 기술에 비추어 볼 때 우리는 아직 유형 I 문명의 단계에 도달하지 못했기 때문이다. 이는 우리가 더 크게 진전할 여지를 남긴다.

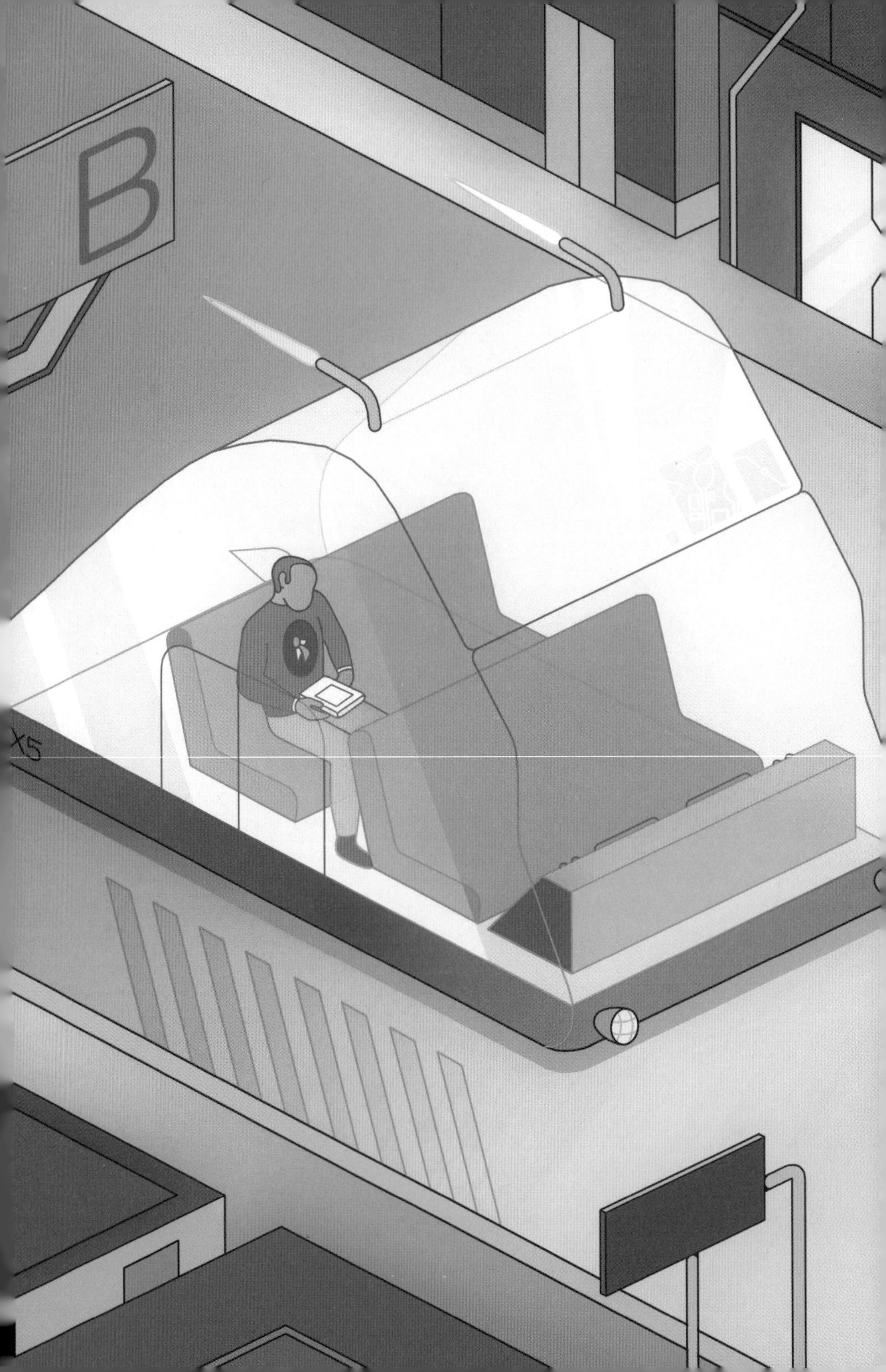
B
X5

에필로그

지구를 돌볼지 아니면 지구를 떠날지, 당신은 선택해야 한다!

두 행성이 만났는데 하나는 칙칙한 녹색이고
다른 하나는 완전 회색이다. 녹색 행성은 회색 행성에 묻는다.
"아니, 안색이 좋지 않네요! 뭐가 문제인가요?"
회색 행성은 약간 상심한 표정으로 대답했다.
"믿지 않을 테지만, 나는 심각한 병에 걸렸어요.
인간이라는 병이요. 어떻게 없애야 할지 모르겠어요!".
녹색 행성이 웃으며 말한다.
"오! 걱정하지 마세요, 나는 전에 이 병에 걸려 본 적이 있어요!"
"그래요? 심각한 병인가요?"
"아니요, 어차피 인간은 스스로 떠날 거예요!"

인간이 우주를 이해하는 법

그리스 신화로 돌아가 보면, 종종 우리 질문에 대한 답을 찾을 수 있다. 은하수의 탄생도 마찬가지다. 신들의 신 제우스는 모두가 알다시피 변덕스러웠다. 제우스와 인간 알크메네의 불륜 관계에서 한 아이가 태어난다. 그 아이는 반신(半神)(부모 한쪽이 신이고 다른 한쪽은 인간인 신화적인 인물들을 지칭할 때 사용되는 말 - 옮긴이)이라 죽을 운명이었기 때문에 제우스는 무척 불만스러웠다. 하지만 헤라클레스도 자신의 자식이기에 제우스는 잠든 아내 헤라 여신의 가슴에 몰래 헤라클레스를 올려 두어 그녀의 신성한 모유를 먹고 불사신이 될 수 있도록 했다. 헤라클레스는 헤라의 가슴에서 모유를 빨기 시작하고, 잠에서 깨어난 그녀는 모르는 아이에게 모유를 먹이고 있음을 깨닫고 그를 밀어내려고 한다. 그러나 헤라클레스는 아기지만 이미 초인적인 힘을 가지게 되었기 때문에 자신의 입에서 그녀의 가슴이 빠져나갈 때까지 가슴팍에 단단히 매달려 있었다. 그러고 나서 우유가 분출되기 시작하자, 하늘에 길게 띠 모양으로 퍼진다. 그렇게 은하수가 탄생했다!

한 미래인의 추리: 지구를 테라포밍하러 온 생명체의 정체

아나톨은 아침을 먹으면서 이런 신화 이야기를 읽는 것을 좋아한다. 고대인들의 넘치는 상상력은

ASTRO
SIDER

공상 과학 소설만큼이나 그를 기쁘게 한다. 그러나 일하러 갈 시간이 다가와 계속 읽을 수 없다. 아나톨은 아직 이 속도에 완전히 익숙해지지 않았지만, 최신식 X5 자율 주행차에 올라탔다. 그는 30분 늦게 집을 나서게 된 것을 감사하게 생각했다. 덕분에 그에게 읽을 시간이 조금 더 주어졌기 때문이다! 그는 X5에 시동을 건 다음, 늘 다른 차들에 추월당하던 그의 오래된 차 X4에 대한 향수를 떠올리며 운전을 시작한다.

생각에 빠져 있던 아나톨은 오늘 아침 하늘이 전날보다 조금 덜 어둡다는 것을 알고 놀랐다. 그는 이누이트들이 흰색에 대해 다양한 개념을 가지고 있는 것처럼, 어둠에 대해서도 다른 개념을 만들어낼 필요가 있다고 생각했다. 이것은 2년 전 연방 하원의 역사적인 투표 이후 시작된 탈 메탄화 캠페인 때문일까? 많은 메탄 포착기가 대기 중에 배치되어 지구 온난화를 제한할 목적으로 강력한 온실가스를 회수하고 있다. 실제로 최근 몇 년 동안 기하급수적으로 증가한 온실가스가 큰 먹구름을 형성하는 바람에 심할 때는 며칠 동안 태양을 볼 수 없도록 만들었다.

그래서인지 오늘 아침 구름 사이로 나타난 이 새로운 하늘빛은 아나톨의 기분을 밝게 만들었다. 유쾌하게 건물 입구에 도착한 그는 미소를 지으며 보안 감압실을 통과하기 위해 안면 인식 카메라에 얼굴을 내밀었다. 그는 동료들과 인사를 나누고 나폴리 최고의 커피숍으로 불리는 안드로이드 R25가 만들어 준 커피와 함께 일을 시작한다.

이제 우리는 다음을 생각해야 한다. 훨씬 더 나아가 태양계 밖 외계 행성을 탐험하는 것이다.

아나톨은 우주 탐사 기업 '아스트로 시더'에서 중요한 사람이다. 그는 소행성에서 추출한 철 물질로 구동되는 새로운 행성 간 우주선의 추진 엔진을 개발해서 도달 속도를 높이는 동시에 연료의 질량을 줄이는 일에 참여하고 있다. 이는 우주 탐사 기업들의 꿈이다! 연료가 부족하더라도 중간 크기의 소행성 몇 개에 복귀하여 더 멀리, 더 빨리, 더 적은 비용으로 갈 수 있다.

현재 태양계 탐사가 한창 진행 중이며 인류는 달, 화성, 타이탄에 영구 기지를, 그리고 소행성과 심지어 혜성에도 임시 기지를 세웠다. 그래서 지구에서는 희귀하여 너무 비싸진 원자재를 저렴한 비용으로 회수할 수 있다. 인간은 마침내 지구를 떠나려 하고 있다. 현재 지구는 너무 오염되고 너무 덥지만, 태양계의 어떤 행성도 아직 실제로 만족스럽지 못하다.

그는 너무 춥고 너무 건조한 화성보다 더 적합한 행성을 찾고 있다. 타이탄은 태양에서 너무 멀고, 너무 차갑고, 화학적 구성이 지구와 너무 다르다. 결국, 태양계는 인간의 팽창주의적 욕구와 비교하면 너무 좁다는 뜻이다. 이제 우리는 다음을 생각해야 한다. 훨씬 더 나아가 태양계 밖 외계 행성을 탐험하는 것이다. 그러나 이들은 멀리 떨어져 있어서 더 큰 우주선, 더 긴 항해, 무한히 더 많은 연료가 필요하다. 따라서 소행성을 시추하여 얻은 연료 연구에 관심을 두게 되었다.

아나톨은 지구인으로 남을 지구인 중 한 명이다. 운 좋게 선출된 사람들은 많은 돈이 드는 행성 간 여행을 위해 비싼 값을 치러야 했다. 하지만 그들은 장거리 여행과 행성 기지의 어려운 생활 조건에 적응할 수 있는 신체적 능력 덕분에 과감한 선택을 할 수 있었다고 자랑할 수도 있다. 목적지에 도착하면 많은 이점이 그들을 기다리고 있다. 그들은 큰 먹구름으로 덮인 지구보다 달이나 화성에서 태양을 더 자주 볼 수 있다. 그들은 여전히 문명화되지 않아 오염되지 않은 장엄한 풍경을 누릴 수 있다! 그리고 무엇보다도 그들은 지구보다 훨씬 덜 제한적인 조건에서 가정을 꾸릴 수 있고 경제적으로 더 부유하다.

그러나 아나톨은 정든 오래된 지구에 머무르는 것을 불평하지 않는다. 그는 처음부터 후보자들을 정말로 부러워한 적이 없다. 사실대로 말하자면, 그는 지구에 머물면서 기후 변화와 오염에 대한 조치의 작지만 가시적인 효과를 살피는 것을 선호한다.

또한 아나톨은 많은 지구인이 지구를 떠나 달·소행성·혜성에서 광물 자원을 채굴하고 화성·타이탄을 식민지화하는 것에 대해 도덕적 의문을 제기한다. 그는 몇몇 동료들과 마찬가지로, 인간이 과거의 실수로부터 어떤 깨달음도 얻지 못했을 뿐만 아니라 실수를 깨닫지도 못한 채로, 뻔뻔하게 지구에서 했던 '착취'라는 실수를 다른 행성에서도 되풀이한다는 인상을 받았다.

지금까지 알려진 바로는 인간을 막을 수 있는 유일한 장벽은 태양계와 가장 가까운 별인 프록시마센타우리 사이의 거대한 공백이다. 그러나 인간이 손이 닿지 않았던 이 공간조차도 아나톨 자신이 관계자 중 한 명임을 자랑할 수 있는 대기업에서 설계한 효율적인 추진 수단 덕분에 점점 더 줄어들고 있다.

아나톨은 땅에서 지구를 보는 것을 좋아한다. 그는 지구가 둥글다는 것을 알고 있으므로 우주에서 확인할 필요가 없다. 생각에 빠져 있는 순간에도 아나톨은 인간을 태양계 외부로 보내는 시간을 앞당길 수 있는 우주선의 추진력을 향상시키기 위해 자신이 노력하고 있고, 열심히 일하면 지구에 남은 인간의 수가 줄어들어 지구는 다시 살기 좋은 곳이 될 것이라고 꿈꾸고 있다!

하지만 이렇게 된다면 아무도 지구를 떠나고 싶어 하지 않을 것이며 아스트로 시더는 그를 포함한 모든 직원을 해고할 수도 있다. 그러나 아나톨은 이에 대해 걱정하지 않는다. 그렇게 된다면 그는 지구를 걷고 여행할 충분한 시간을 갖는 것이기 때문이다. 그는 매우 힘들게 일하느라 지금까지 많은 경험을 할 기회가 없었다. 큰 연료 생산 회사에서 일하는 그의 오랜 친구 앙투안의 비전과는 정반대이다. 앙투안은 매일 아침 출근하기 위해 자가 추진 트럭을 샀고, 그가 생산하는 연료가 많을수록 자가 추진 트럭에 더 많은 연료를 넣어서 매일 아침 더 많은 돈을 벌 수 있다고 상상한다.

때때로 아나톨은 지구 온난화가 궁극적으로 인간 활동 때문이

아닐 수도 있다고 생각한다. 그가 기후 회의론자들의 생각에 동의하는 것은 아니지만, 그는 아직 그 누구도 반박할 수 없을 만큼 확인하지 못했다는 생각이 든다. 사실 지구는 외부에서 온 생명체(인간은 매우 자기중심적인 방식으로 '외계인'이라고 부른다)에 의해 테라포밍 과정에 참여하고 있으며, 누군가 지구를 선택했을 것이라고 본다. 그의 고향 행성이 고갈되었기 때문에 지구에 거주지를 정했다. 그러나 외계 생명체는 지구의 평균 기온이 너무 낮고 산소 함량이 다소 높다는 것을 깨닫고 온도를 높이기 위해 강력한 온실가스인 이산화탄소와 메탄을 대기 중으로 방출하기로 했다. 지구를 (자신들에게!) 낙원으로 바꾸는 것을 목표로 말이다.

때때로 아나톨은 지구 온난화가 궁극적으로 인간 활동 때문이 아닐 수도 있다고 생각한다.

자신의 질문에 대한 답을 찾는 것을 좋아하는 아나톨은 조사를 시작했다. 그는 대량의 메탄을 방출하는 유기체를 찾기 위해 떠났고, 이 수상한 유기체가 어디에서 어떤 형태로 있는지 추측하기 위해 오랜 시간 동안 연구했다.

그날 저녁에 퇴근 후, 아나톨은 최첨단 차인 X5에 올라 구름 사이로 비치는 아침 햇살을 떠올린다. 그는 자신이 가장 좋아하는 취미인 체스를 하려고 앙투안의 집에 약속 시간보다 일찍 도착했다. 아나톨은 오늘 앙투안과의 게임에서 승리하기를 희망하며 오늘 아침의 맑은 하늘을 좋은 징조로 여겼다. 자신이 이기면 지구의 테라포밍에 관련된 유기체의 본질을 드러낼 기회를 얻는다. 아나톨은 앙투안이 마침내 자신의 생각을 진지하게 받아들이도록 설득할 거라고 다짐한다.

우여곡절이 많았던 긴 체스 게임에서 다시 한번 패배한 아나톨은 X5를 타고 집으로 돌아간다. 집 앞에 X5를 주차하고 다시 완전히 흐려진 하늘을 본다. 그는 오늘 아침의 맑은 날을 회상하며, 어렸을 때 눈을 들어 하늘을 올려다 보았을 때 아름다운 별이 빛나던 밤을 기억한다. 한 지평선에서 다른 지평선으로 하늘을 가로지르던 은하수를 발견했을 때의 감정을 아직도 기억한다. 하지만 오늘 밤은 보이지 않는다. 오늘 아침의 맑음은 일시적이었고 구름은 어두운 색을 되찾았다.

아나톨은 지구상의 수많은 유기체를 철저히 조사한 끝에 도달한 답을 스스로, 누구에게도, 심지어 앙투안에게도 공개하지 않기로 했다. 지구를 테라포밍하기 위해 찾아든 이 수상한 유기체는 반추 동물, 특히 눈이 이상하고, 집단을 이루며 지구 자기장에 맞춰 정렬하는 이상한 습관을 가진 무리 틈에 있다. 그렇다, 분명 이 유기체는 소이다!

소라고? 물론 어느 누구도 믿지 않겠지만, 아나톨은 이 반추 동물이 고등 생물로 분류될 수 있는지 의심하는 회의론자들에 대비해 그의 주장을 준비했다. 반박할 수 없는 증거는 다음 질문에 대한 답에 있다. '슈퍼 포식자의 감시를 피하고자 그들과 섞이고, 착취당하고 심지어 죽임을 당하면서 인간의 눈에 해가 없고 심지어 어리석게도 보이기 위한 계략을 쓸 줄 아는, 이보다 더 지능적인 유기체가 있을까?'

이 수상한 유기체는 반추 동물, 특히 눈이 이상하고, 집단을 이루며 지구 자기장에 맞춰 정렬하는 이상한 사람들 틈에 있다. 그렇다, 분명, 이 유기체는 소이다!

소의 이 계략 때문에 인간은 정체불명의 적이 무엇을 하고 있는지 알아차리는 데 몇 광년이 필요하다! 그리고 그들이 이해했을 때, 이미 너무 늦었고 돌아올 수 없는 지점을 넘을 것이다. 지구는 너무 뜨거워지고 숨을 쉴 수 없을 것이다! 그러면 그곳은 소들에게 낙원이 될 것이고, 그들은 지구를 지배할 것이며, 매번 인간들에 섞여 다른 행성으로 가서 그곳을 식민지화할 것이다. 그런 다음 우리 은하 전체를 식민지화할 때까지 행성에서 행성으로 이동한다. 정말, 이보다 더 똑똑한 존재가 있을까?

인간은 이 식민지화가 끝난 후에야 비로소 헤라 여신의 젖을 먹는 헤라클레스의 이야기가 진짜가 아님을 알게 될 것이다. 인간이 존재하기 오래전에 하늘을 가로지르는 은하수를 추적했던 존재가 시골에 있는 이 늙은 반추 동물이라는 것을 이해하게 될 것이다. 오늘 밤, 아나톨은 그리스 신화의 궁극적인 비밀을 꿰뚫었다는 깊은 확신으로 잠이 든다.

참고 문헌

《A la recherche d'une vie extraterrestre》, François Raulin, Le Pommier, Cité des sciences, 2006.

《Enfants du Soleil, histoire de nos origines》, André Brahic, Odile Jacob, 2000.

《Exobiologie: la vie ailleurs dans l'Univers》, André Brack, De vive voix, 2013.

《Histoire de la conquete spatiale》, Jean-François Clervoy et Frank Lehot, De Boeck Supérieur, 2019.

《Ils ont marche sur la Lune: Le recit inedit des explorations Apollo》, Philippe Henarejos, Belin, 2018.

《Les enfants d'Uranie, a la recherche des civilisations extraterrestres》, Evry Schatzman, Seuil, 1986.

《Mars, notre present et notre avenir》, André Brack, Humensciences, 2019.

《Ou sont-ils? Les extraterrestres et le paradoxe de Fermi》, collectif, CNRS Editions, 2017.

《Patience dans l'azur, l'evolution cosmique》, Hubert Reeves, Points Sciences, 2014.

《Terres d'ailleurs, a la recherche de la vie dans l'univers》, André Brahic and Bradford Smith, Odile Jacob, 2015.